山东半岛海岸侵蚀

高 伟　李 萍　刘 杰
徐元芹　高 珊　张卓立　著

海洋出版社

2024 年·北京

图书在版编目（CIP）数据

山东半岛海岸侵蚀/高伟等著．—北京：海洋出
版社，2024.9. -- ISBN 978-7-5210-1303-0

Ⅰ.P737.12

中国国家版本馆 CIP 数据核字第 20244G50L9 号

审图号：GS 鲁（2024）0360 号

责任编辑：程净净
责任印制：安　森

海洋出版社　出版发行

http://www.oceanpress.com.cn

北京市海淀区大慧寺路 8 号　邮编：100081
侨友印刷（河北）有限公司印刷　新华书店经销
2024 年 9 月第 1 版　2024 年 9 月第 1 次印刷
开本：787 mm×1092 mm　1/16　印张：14.25
字数：270 千字　定价：188.00 元
发行部：010-62100090　总编室：010-62100034
海洋版图书印、装错误可随时退换

前 言

　　海岸带是水圈、岩石圈、生物圈和大气圈相互作用的交汇地带，是陆地、海洋和大气之间物质、能量发生交换最为活跃的空间地带，一直是陆海相互作用研究领域的热点区域。沿海地区生活了全球 40% 以上的人口，集中了全球 60% 的经济总量，成为各国资源、风光、产业和城市复合度最高，经济社会发展活力和潜力最大的区域，形成了典型的人文-自然复合的社会-生态系统。目前，全球气候变化特别是海平面上升对沿海地区造成了严峻的挑战，人口向沿海地区的持续聚集及其经济活动伴生的高强度干扰进一步加剧了海岸带的生存压力。同时，海岸带的特殊地理位置，在陆海作用交换的过程中，环境多变，机制复杂，再加上人类活动，使其成为陆海相互作用过程中最为敏感和脆弱的区域。

　　海岸带作为一个整体，"物质-能量-空间"，即"沉积物来源、水动力条件和相互作用区域"三要素之间存在着相互制衡机制，当海岸带"物质-能量"平衡被打破，建立新平衡点的过程就表现为两者相互作用区域在空间上的进或退，新旧作用区域的边界变化在平面上就呈现为海岸线的变迁过程。海岸带环境变迁过程受自然因素和人为因素的双重影响。自然因素一般包括海平面、波浪、潮流、风暴潮和陆源供沙变化等；人为因素一般包括围填海、港口码头建设、入海河流筑坝、人工采砂和沙滩养护工程等。伴随着气候变暖导致的海水增温膨胀、陆地冰川和极地冰盖融化等因素，海平面加速上升，同时风暴潮等极端气候现象频发；加之海岸带开发利用活动日趋剧烈，人工岸线急剧增加和海岸线位置固化的态势，导致海岸带系统格局或要素发生重大改变，势必造成海岸带"物质"和"能量"交换过程的愈加强烈，进而致使海岸带遭受侵蚀的风险增大，给海岸带社会经济的可持续发展带来巨大威胁。

　　我国现今海岸地貌的基本特征形成于全新世，海岸线漫长，海岸带资源丰富，开发利用历史悠久，2022 年全国海洋生产总值超 9 万亿元，经济发展潜力与韧性持续彰显。我国大陆岸线长度约 1.8×10^4 km，早期海岸线整体上处于向海淤进或稳定状态。20 世纪 50 年代末至 60 年代初，砂质海岸首先发生侵蚀现象，继而黄河、长江等中大型河流的三角洲出现了快速淤进—缓慢淤进—局部侵蚀—整体侵蚀的转化过程，目前，大陆岸线总侵蚀长度超过

3000 km（侵蚀速率大于0.5 m/a），海岸侵蚀所造成的岸线后退和环境退化已成为一种普遍的海洋地质灾害现象。海岸侵蚀最直接的表现为海岸带土地的损失和近岸水深的加大，造成沿岸构筑物损毁、海岸防护工程失效、海洋生物繁育场所破坏、植被生境功能丧失、海水入侵加剧和沿海社会功能减退等危害，仅在2017年和2018年就造成了共6.3亿元的经济损失，对海岸带生态系统健康和社会经济可持续发展均造成了严重的影响。但相对于台风等海洋灾害，海岸侵蚀灾害具有持续时间长、短期灾害不明显的缓发性特点和灾害影响范围广、恢复难度大的高危害性特点，往往早期易被忽视而后期治理成本较高。

山东半岛三面临海，大陆海岸线北起漳卫新河河口与河北省接壤，南至绣针河河口与江苏省相接，自北而南有滨州、东营、潍坊、烟台、威海、青岛和日照共7个沿海地级市，大陆岸线长3345 km，约占我国大陆海岸线总长度的18%，位列全国省份中大陆海岸线长度的第三。岸线类型丰富，基岩海岸、砂质海岸、粉砂淤泥质海岸和人工海岸均有分布。山东省也是我国的海洋经济强省，山东半岛蓝色经济区是中国第一个以海洋经济为主题的区域发展战略经济区，2022年全省海洋生产总值增至1.57万亿元，对全省经济和全国海洋经济增长做出了巨大贡献。但是，山东半岛海岸带同样面临着极为严重的海岸侵蚀威胁，近40%的岸线遭受不同程度的侵蚀威胁，是我国海岸侵蚀的重灾区之一，如黄河三角洲刁口叶瓣体长期遭受严重侵蚀；登州浅滩采砂引起的海岸侵蚀影响仍在持续；近海海洋工程造成旅游沙滩侵蚀破坏等灾害现象一直难以解决，严重阻碍了海岸带环境的健康发展。山东半岛海岸带既是陆海相互作用过程中的关键地带，也是人类活动影响剧烈的热点地区，成为研究自然因素和人为因素共同影响下的海岸侵蚀演化趋势的典型区域。因此，本书以2004年实施的"我国近海海洋综合调查与评价"和2010年开展的"我国砂质海岸生境养护和修复技术示范与研究"等专项成果为本底数据，依托国家重点研发计划"典型海岸侵蚀防护与活力海岸构建关键技术"（2022YFC3106100）、山东省重大科技创新工程专项"海岸带生态脆弱性及其智能监测预警关键技术"（2018SDKJ0503）和山东省自然科学基金"基于物质–能量平衡理论的山东半岛砂质海岸侵蚀预警模型构建"（ZR2021MD098）等项目所获取的资料与数据，系统分析了山东半岛10余年以来的海岸侵蚀发展趋势，评估了山东半岛的海岸侵蚀风险并建立了海岸侵蚀预警平台，以期为山东半岛海岸侵蚀研究略尽绵薄之力。

本书共7章。第1章简要介绍了山东半岛海岸带的基本环境特征；第2章详细论述了山东半岛的海岸线变迁规律，主要包括岸线长度变化、岸线类型变化、岸线变迁速率和陆域面积变化；第3章介绍了山东半岛近岸海域的冲淤变化；

第 4 章详细分析了山东半岛的海岸侵蚀现状，重点阐述了砂质海岸等自然岸段的侵蚀特征；第 5 章论述了海岸侵蚀的主要影响因素，分析了山东半岛海岸侵蚀的发展趋势；第 6 章基于上述 5 章内容评估了山东半岛的海岸侵蚀风险；第 7 章建立的海岸侵蚀预警平台，详细介绍了平台的各部分功能。

最后，借本书出版之际，向对本项目研究给予支持、指导和帮助的各单位及其有关领导、专家和同事，表示诚挚的谢意。中国海洋大学、自然资源部第三海洋研究所、自然资源部海岛研究中心、南京水利科学研究院和河北省地质矿产勘查开发局第八地质大队（河北省海洋地质资源调查中心）等单位的领导和科研人员，在资料收集和数据分析中均给予了极大的支持和帮助。此外，在项目研究和成书过程中，许多部门和人员也提供了不同程度的帮助，在此一并致谢。

作　者

2023 年 12 月 青岛

目 录

第1章　山东半岛海岸带概况

　　山东省位于我国东部，历史悠久，资源丰富，国内生产总值（GDP）在全国省份中排名第三，是我国经济最发达和经济实力最强的省份之一。山东半岛是我国最大的半岛，与辽东半岛、朝鲜半岛隔海相望，北临京津冀，南接长三角，西连黄河流域广阔腹地，地理位置优越，是我国南北经济联动、东西梯度发展的战略要点，在海洋强国建设格局中具有重要地位。

1.1　山东省概况

　　山东省位于我国东部沿海、黄河下游，陆域位于 34°23′—38°17′ N，114°48′—122°42′ E，东西长 721.03 km，南北长 437.28 km，全省陆域面积 15.81×10⁴ km²，海洋面积 15.86×10⁴ km²。全省常住人口为 10 152.7 万人（2020年第七次全国人口普查）。截至 2020 年 12 月底，山东省辖济南、青岛、淄博、枣庄、东营、烟台、潍坊、济宁、泰安、威海、日照、临沂、德州、聊城、滨州、菏泽 16 个设区的市；县级政区 136 个（市辖区 58 个、县级市 26 个、县 52 个）；乡镇级政区 1822 个（街道 693 个、镇 1072 个、乡 57 个）。山东省境域包括内陆和半岛两部分，内陆部分自北而南与河北、河南、安徽、江苏 4 省接壤；山东半岛突出于渤海、黄海之中，同辽东半岛遥相对峙（图 1.1）。

　　山东省境内中部山地突起，西南、西北低洼平坦，东部缓丘起伏，形成以山地丘陵为骨架、平原盆地交错环列其间的地形大势。泰山雄踞中部，主峰海拔 1532.7 m，为全省最高点。黄河三角洲海拔 2~10 m，为全省陆地最低处。境内地貌复杂，大体可分为平原、台地、丘陵、山地等基本地貌类型。海拔 50 m 以下区域占全省面积的 53.71%，主要分布在鲁西北地区；50~200 m 区域占 33.50%，主要分布在东部地区；200~500 m 区域占 11.53%，主要分布在鲁西南地区和东部地区；500 m 以上区域仅占 1.26%，主要分布在鲁中地区。

　　山东省水系比较发达，自然河流的平均密度在 0.7 km/km² 以上。干流长 10 km 以上的河流有 1500 多条，其中在山东入海的有 300 多条。这些河流分属于淮河流域、黄河流域、海河流域、小清河流域和胶东水系，较重要的有黄河、

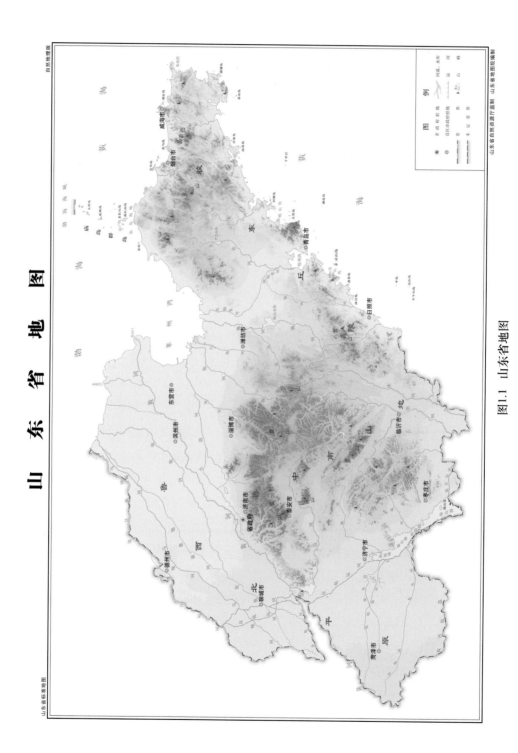

图1.1　山东省地图

徒骇河、马颊河、沂河、沭河、大汶河、小清河、胶莱河、潍河、大沽河、五龙河、大沽夹河、泗河、万福河、洙赵新河等。

山东省濒临渤海和黄海，海洋资源得天独厚，近海海域占渤海和黄海总面积的 37%，滩涂面积占全国的 15%。大陆海岸线北起冀、鲁交界处的漳卫新河河口，南至鲁、苏交界处的绣针河河口，大陆海岸线长达 3345 km，约占全国大陆海岸线 18%。全省共有海岛 456 个，海岛总面积约 111.22 km^2，海岛岸线长约 561.44 km；1 km^2 以上的海湾 49 个，海湾面积 8139 km^2；潮间带滩涂面积 4395 km^2，水深 20 m 以浅海域面积 29 731 km^2（山东省人民政府，2023）。

1.2 山东半岛概况

山东半岛，是我国最大的半岛，位于山东省东部，伸入渤海、黄海之间，本书界定其研究范围为漳卫新河河口至绣针河河口连线以东部分，东西长约 420 km，南北宽约 360 km。山东半岛属中朝准地台胶辽台隆，属暖温带湿润季风气候。半岛三面临海，北面与辽东半岛隔渤海海峡相望，东部与韩国隔黄海相望。通常以北起胶莱河口，南至大沽河口（胶莱河及胶州湾）以东的地区，称为胶东半岛。以蓬莱角（经庙岛群岛至辽宁省的老铁山角）为界，以西为渤海沿岸，以东为黄海沿岸；黄海以成山角（与朝鲜半岛的长山串的连线）为界，分为北黄海和南黄海两大部分。因此，漳卫新河河口至蓬莱角属渤海南岸，蓬莱角至成山角为北黄海南岸，成山角至绣针河口为南黄海西岸。

1.2.1 自然地理

1.2.1.1 地形地貌

山东半岛地貌主要包括平原和丘陵。山东半岛沿海区域陆地地貌的基本特征是以胶莱河为界，以西沿海为广阔的鲁北平原，以东为鲁东丘陵区（王有邦，1998）。其中，鲁北平原又以小清河为界，以北为黄河三角洲平原，小清河与胶莱河之间为潍北平原；胶莱河以东的鲁东丘陵区，以低山和丘陵为主体的地貌类型，构成半岛脊背的低山（高程多大于 500 m），以近东西向分布于胶东半岛偏北部。其西北侧高程小于 500 m 的丘陵大致沿北东向展布，丘陵前分布着区内相对较大的山前平原，即莱-黄-蓬平原；东南岸由陆向海，由低山、丘陵过渡为低缓起伏的剥蚀平原，一些小型河流冲积平原错综点缀其间。

山东半岛海岸地貌分布也呈相似的规律。胶莱河以西，其海岸地貌主要以粉砂淤泥质潮滩构成，滩面宽广，局部可达十几千米，地形平坦，其间分布有潮水沟、残留冲积岛等地貌体。胶莱河以东海岸地貌主要以海滩和岩滩为主，海滩宽度多在200 m以内，地形呈上陡下缓的走势，局部侵蚀海岸发育有侵蚀陡坎，岩滩发育相对平坦，宽度较窄，其后通常有较为陡峭海蚀崖，根据海湾与岬角的分布形式，岩滩与海滩呈相间分布的形式。另外，在胶州湾、丁字湾等大型海湾的顶部，也分布有粉砂淤泥质潮滩地貌。

1.2.1.2 气候

1）气候类型

山东省的气候类型为温带季风性气候，四季分明，降水集中。冬季多偏北风，降水稀少，天气寒冷干燥；春季天气多变，风大，雨少，回温缓慢；夏季盛行偏南风，炎热多雨，灾害性天气增多；秋季，秋高气爽，冷暖适中（韩玮等，2013）。由于山东省位于中纬度地区，天气系统活动频繁，各类灾害天气也比较多。沿海地区受海洋影响，具有明显的海洋性和大陆性过渡气候特征，并且半岛东南部海岸带与西北部海岸带气候差异显著。

2）气温

山东省年平均气温从西南到东北逐步递减，为11~14℃，受海洋影响，山东省的年均气温较同纬度的内地省份低，沿海地区年均气温也低于内陆地区。全省气温在1月最低，随后逐渐上升，8月平均气温达到最大值，随后气温开始下降。

3）日照

山东省年平均日照时长为2200~2800 h，从北到南逐渐减少，呈东北—西南走向。沿海各市中，东营市的年日照时长最长，约为2650 h，而日照市的最短，约为2200 h。

4）降水

山东省大部分地区年平均降水量为600~750 mm，南多北少，高强度降水主要集中于夏季，有频繁的暴雨天气发生。山东省西北部沿海区域，多年平均降水量为630~650 mm，东部及南部沿海则为730~850 mm，沿海最南端日照市沿海降水量最大，多年平均值为900 mm。

1.2.1.3　海洋水文

1) 潮汐

山东半岛沿海的潮汐主要受到黄海和渤海的影响，由太阳和月亮引力造成的独立潮占比较少，据计算只占3%。采用分潮振幅比值 $A=(H_{K_1}+H_{O_1})/H_{M_2}$ 的数值判断潮汐性质，在山东半岛沿海，半日潮区分布在大部分海域，全日潮仅少量分布在 M_2 分潮的无潮点附近(高飞等，2012)。在山东半岛南岸连云港至石岛和威海至蓬莱之间，A 小于0.5，分布为规则半日潮；在东部石岛至威海和莱州湾沿岸，A 介于0.5~2，分布为不规则半日潮。沿海的潮差分布存在南北差异性，近岸潮差分布如图1.2所示，北部自黄河口到东部成山头，平均潮差均小于2 m，南部从成山头至日照沿海，平均潮差逐渐增大，在日照沿海，平均潮差高达3 m。

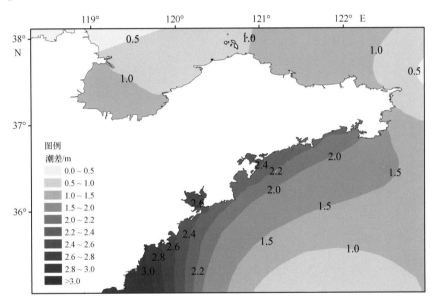

图1.2　山东半岛沿海平均潮差分布[改绘自高飞等(2012)]

2) 海浪

海浪包含风浪、涌浪和近岸浪(王文娟，2008)，山东半岛沿海以风浪为主(曾呈奎等，2003)。山东近海的地形十分复杂，位于山东半岛南北的两部分海域，其范围、水深及地貌形态各异，致使海浪状况有明显区别。渤海区全年以风浪为主，主浪向偏N，冬季主浪向NNW、N和N—NE。夏季，北隍城岛附近主浪向为N，黄河海港附近SE向浪占优势。春、秋季，黄河海港以E向浪为主，其他地区以偏 N 向浪为主。渤海海峡累年平均波高 1.2 m，是我国有名的浪区之一。北隍城岛海域累年平均波高最大达 8.6 m。海浪平均周期最大为 4.4～5.4 s。黄海区较复杂，千里岩附近风浪和涌浪的出现频率相近。千里岩以北以风浪为主，小麦岛以南以涌浪为主。浪向的季节性强。风浪在冬季以 N 向为主，夏季以 S 向为主。涌浪在冬季最强，石臼所、小麦岛以 E、E—SE 为主浪向，石臼所至成山角主浪向由 E 向 S 过渡。黄海区年均波高以石岛和成山角最小（0.4 m），往南渐增，至千里岩为 0.9 m，再往南又有所减小，至石臼所为 0.6 m。波高最大值出现在夏季，海州湾为 3.3 m，成山角达 9.0 m。海浪年平均周期以石岛地区最小（2.1 s），千里岩和小麦岛一带为 4.5 s。山东半岛沿海平均有效波高如图 1.3 所示。

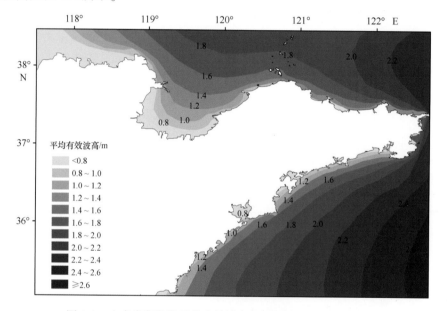

图 1.3　山东半岛沿海平均有效波高［改绘自左红艳（2014）］

3）海流

山东半岛近岸海流分布有山东半岛沿岸流与黄海暖流（刘琳，2019），均呈现冬强夏弱的特征。山东半岛沿岸流常年存在，盐度较低，方向沿山东北部海岸流动，于成山角处转向，进而向南流动，在 12 月至翌年 3 月、9—10 月强度最大，最大流速在 20 cm/s 以上。苏北沿岸流冬季流速较高，可达 20 cm/s；夏季流速较低，流向在受到偏南季风和长江冲淡水影响后改变。黄海暖流是太平洋黑潮的分支，沿西北方向进入南黄海，主要存在于冬半年。黄海暖流最远影响范围在冬季能到达渤海中部，最大流速达 15 cm/s；夏季时黄海暖流虽已不存在，但其残留水仍存在于冷水团的核心区内（图 1.4）。

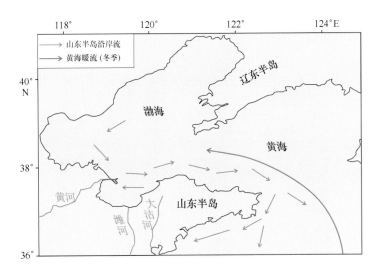

图 1.4　山东半岛沿岸流系

4) 相对海平面变化

近年来，随着全球气候变化，海平面变化的影响也越来越显著。根据 2021 年《中国海平面公报》，我国海平面高度呈波浪型增长，1980—2021 年，我国海平面上升速率约为 3.4 mm/a，各海区的变化速率也存在差别，自北向南，渤海、黄海、东海及南海海平面变化速率逐渐减小(图 1.5)。山东沿海包含渤海及黄海海区，2021 年，渤海海区海平面高度与往年相比高 118 mm，而黄海海区比往年高 88 mm，总体来看，山东沿海较往年高 95 mm。预计山东半岛沿海海平面上升高度在未来 30 a 能达 60~165 mm。

1.2.1.4　海洋灾害

海洋自然环境发生异常或激烈的变化，会造成海上或海岸带发生严重危害社会、经济、环境和生命财产的事件，这些事件统称为海洋灾害。根据 2021 年《中国海洋灾害公报》，2021 年我国海洋灾害以风暴潮、海浪和海冰灾害为主，共造成直接经济损失 30.7 亿元，死亡失踪 28 人。山东省也是遭受海洋灾害的重灾区之一，近十年直接经济损失平均值为 6.6 亿元，其中，2021 年直接经济损失为 2.7 亿元，主要致灾原因为风暴潮和海浪，同时夏季也有大面积海域遭受绿潮的影响。

1) 风暴潮

山东半岛近海的地理位置和地形特点导致其沿岸不仅受到台风风暴潮的侵袭，还遭冷锋暴潮的威胁，尤其莱州湾和渤海湾沿岸是我国有名的风暴潮多发区和严重区。风暴潮的危害主要是淹没陆地，造成陆上工厂、房屋等财产损失，

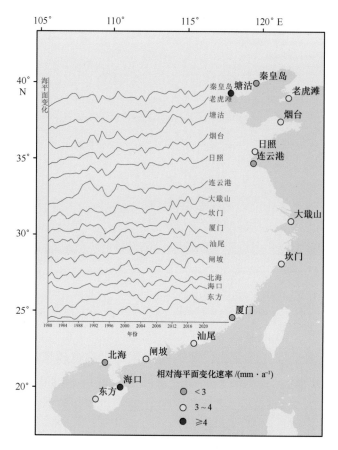

图 1.5　1980—2021 年我国沿海观测站海平面变化

危害人身安全，以及导致农田盐碱化。2021 年造成山东省直接经济损失 1.9 亿元，其中，"210920" 温带风暴潮和 "211107" 温带风暴潮分别造成 1091.85 万元和 18 141.00 万元的损失。

2）海浪

灾害性海浪是指波高大于或等于 4 m 的海浪，其作用力可达 30～40 t/m²。山东省沿海的海浪灾害以温带气旋引起的气旋浪和冷空气引起的巨大冷空气浪为主，由热带气旋引起的台风浪较少。2021 年，山东省是我国海浪灾害直接经济损失最多的省份，12 月 24—26 日，受冷空气影响，黄海出现了有效波高为 3.0～5.0 m 的大浪到巨浪，黄海中部 "MF03007" 号浮标实测最大有效波高达 4.9 m、最大波高达 8.1 m，造成山东烟台水产养殖受灾面积 3025.36 hm²，水产养殖损失数量 15 468.75 t，直接经济损失 7815.50 万元，占当年全国海浪灾害总直接经济损失（10 537.50 万元）的 74%。与近十年山东省海浪灾害直接经济损失相比，2021 年山东省海浪灾害直接经济损失为平均值（2334.26 万元）的 3.35 倍。

3）绿潮

绿潮是海洋中一些大型绿藻（如浒苔）在一定环境条件下暴发性增殖或聚集达到某一水平，导致生态环境异常的一种现象。浒苔主要在夏季影响我国黄海海域。山东半岛南部沿岸受浒苔影响严重，主要为日照、青岛、烟台、威海沿岸海域，一般在每年的 6 月达到顶峰。

4）海冰

海冰是一种自然现象，海冰灾害则是海冰作用于人类海上活动所产生的危害，是山东省所辖海域，尤其是山东半岛北部海域的主要海洋灾害之一，其对海洋渔业、海上交通运输、海洋（岸）工程以及海上油气开发等均能造成显著影响。山东省所辖海域的海冰主要分布在蓬莱角以西的渤海湾和莱州湾沿岸及附近海域。蓬莱角以东的渤海海峡沿岸海域以及山东半岛东部、南部的黄海沿岸海域仅在部分河口、浅滩和半封闭性海湾（如胶州湾）有一定结冰现象。根据资料统计分析，山东省所辖海域严重和比较严重的海冰灾害大致每 5~6 a 发生一次，而局部海区几乎年年都有不同程度的海冰灾害发生（袁本坤等，2016）。

1.2.2 行政区划

山东半岛沿海下辖 7 个城市，包括 25 个市辖区、18 个县级市和 10 个县。日照市为其中最南端的城市，位于山东省东南，南接江苏省连云港市，下辖莒县、五莲县和 2 个市辖区；青岛市位于日照北侧，是我国沿海重要中心城市和国际性港口城市，是山东省经济中心，下辖胶州市、平度市、莱西市 3 个县级市和 7 个市辖区；烟台市位于山东半岛东北部，南临黄海，北临渤海，下辖龙口市、莱阳市、莱州市、招远市、栖霞市、海阳市 6 个县级市和 5 个市辖区，其中海阳市和莱阳市位于山东半岛东南沿海，龙口市、莱州市、招远市和市辖区则位于山东半岛北部沿海；威海市位于山东半岛最东端，是区域重要的港口城市，包含乳山市、荣成市 2 个县级市和 2 个市辖区；潍坊市位于莱州湾沿岸，辖区包括青州市、诸城市、寿光市、安丘市、高密市、昌邑市 5 个县级市，临朐县、昌乐县 2 个县和 4 个市辖区；东营市位于莱州湾西侧，下辖利津县、广饶县和 3 个市辖区；滨州市位于山东最北端，北接河北省沧州市，下辖邹平市、惠民县、阳信县、无棣县、博兴县和 2 个市辖区。

第 2 章　山东半岛海岸线变迁

山东半岛海岸线漫长，海岸带资源丰富，开发利用历史悠久。大陆海岸线北起漳卫新河河口与河北省接壤，南至绣针河河口与江苏省相接，自北而南有滨州、东营、潍坊、烟台、威海、青岛和日照共 7 个沿海地级市，大陆岸线长度位列全国省份中的第三，达 3345 km，约占我国大陆海岸线总长度的 18%。岸线类型丰富，基岩海岸、砂质海岸、粉砂淤泥质海岸和人工海岸均有分布。山东省是海洋经济大省，快速发展的海洋经济和自然因素叠加使海岸带环境发生剧烈变化，特别是近十余年以来，随着海洋经济的快速发展，临海工业的大规模建设和人口的不断涌入，向海洋拓展空间成为必然的趋势。海岸带环境正在经历剧烈的人为改变和自我调整，其中，岸线变迁是反映海岸带环境演变程度的重要指标之一。

2.1　岸线长度变化

山东半岛岸线长度变化以 2007 年历史岸线为基准，阐述至 2020 年的大陆总岸线和各类型岸线的长度变化情况。2007 年岸线数据以"我国近海海洋综合调查与评价"专项调查数据为主，并通过历史卫星影像数据进行核实。2020 年岸线数据来源主要为卫星遥感影像解译、无人机正射影像解译和 RTK 测量 3 种方式，其中，卫星遥感数据以多时相资源二号、资源三号卫星和其他卫星影像数据为主，主要针对基岩岸线、人工岸线等易识别和较稳定岸段；无人机航拍采用大疆 M600 PRO 六轴飞行器获取的正射影像资料，主要在典型的砂质岸段和粉砂淤泥质岸段使用；RTK 测量则分别于 2019 年底和 2020 年对部分典型和复杂岸线进行现场修正和校准。

2.1.1　2007 年岸线长度

2007 年山东半岛大陆岸线总长度为 3345.55 km（图 2.1），人工岸线、基岩岸线、砂质岸线和粉砂淤泥质岸线的长度分别为 1292.23 km、888.54 km、759.09 km 和 405.69 km，占总岸线长度的比例分别为 38.63%、26.56%、

22.69% 和 12.12%。沿海 7 市的岸线长度分布如下：

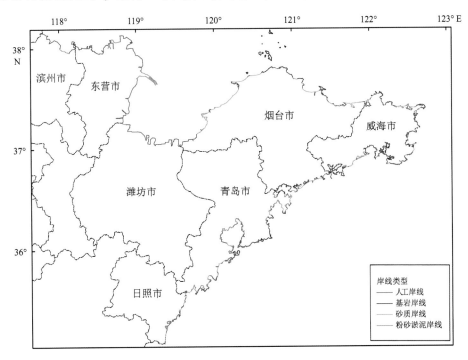

图 2.1　2007 年山东省岸线类型分布

（1）威海市岸线长度最大，为 979.93 km，占全省大陆海岸线总长比例为 29.29%。人工岸线、基岩岸线、砂质岸线和粉砂淤泥质岸线的长度分别为 290.68 km、430.33 km、253.44 km 和 5.48 km，占总岸线长度的比例分别为 29.66%、43.92%、25.86% 和 0.56%。

（2）青岛市岸线长度为 778.75 km，占全省大陆海岸线总长比例为 23.28%。人工岸线、基岩岸线、砂质岸线和粉砂淤泥质岸线的长度分别为 217.28 km、264.08 km、117.53 km 和 179.86 km，占总岸线长度的比例分别为 27.90%、33.91%、15.09% 和 23.10%。

（3）烟台市岸线长度为 765.71 km，占全省大陆海岸线总长比例为 22.89%。人工岸线、基岩岸线、砂质岸线和粉砂淤泥质岸线的长度分别为 232.06 km、187.06 km、338.95 km 和 7.64 km，占总岸线长度的比例分别为 30.31%、24.43%、44.26% 和 1.00%。

（4）东营市岸线长度为 414.31 km，占全省大陆海岸线总长比例为 12.38%。人工岸线和粉砂淤泥质岸线的长度分别为 266.07 km 和 148.24 km，占总岸线长度的比例分别为 64.22% 和 35.78%。

(5)日照市岸线长度为 170.25 km,占全省大陆海岸线总长比例为 5.09%。人工岸线、基岩岸线、砂质岸线和粉砂淤泥质岸线的长度分别为 71.82 km、7.07 km、49.17 km 和 42.19 km,占总岸线长度的比例分别为 42.18%、4.16%、28.88%和24.78%。

(6)潍坊市岸线长度为 148.54 km,占全省大陆海岸线总长比例为 4.44%。人工岸线和粉砂淤泥质岸线的长度分别为 142.78 km 和 5.76 km,占总岸线长度的比例分别为 96.12%和3.88%。

(7)滨州市岸线长度最小,为 88.06 km,占全省大陆海岸线总长比例为 2.63%。人工岸线和粉砂淤泥质岸线的长度分别为 71.54 km 和 16.52 km,占总岸线长度的比例分别为 81.24%和18.76%。

2.1.2 2020 年岸线长度

2020 年山东半岛大陆岸线总长度为 3310.18 km(图 2.2),人工岸线、基岩岸线、砂质岸线和粉砂淤泥质岸线的长度分别为 2120.12 km、323.47 km、513.42 km 和 353.17 km,占总岸线长度的比例分别为 64.05%、9.77%、15.51%和10.67%。沿海 7 市的岸线长度分布如下:

(1)威海市岸线长度最大,为 902.50 km,占全省大陆海岸线总长比例为 27.26%。人工岸线、基岩岸线、砂质岸线和粉砂淤泥质岸线的长度分别为 604.95 km、113.94 km、141.13 km 和 42.48 km,占总岸线长度的比例分别为 67.03%、12.62%、15.64%和4.71%。

(2)青岛市岸线长度为 777.13 km,占全省大陆海岸线总长比例为 23.48%。人工岸线、基岩岸线、砂质岸线和粉砂淤泥质岸线的长度分别为 458.82 km、129.89 km、82.84 km 和 105.58 km,占总岸线长度的比例分别为 59.04%、16.71%、10.66%和13.59%。

(3)烟台市岸线长度为 774.13 km,占全省大陆海岸线总长比例为 23.39%。人工岸线、基岩岸线、砂质岸线和粉砂淤泥质岸线的长度分别为 418.67 km、77.85 km、255.76 km 和 21.85 km,占总岸线长度的比例分别为 54.08%、10.06%、33.04%和2.82%。

(4)东营市岸线长度为 402.65 km,占全省大陆海岸线总长比例为 12.17%。人工岸线和粉砂淤泥质岸线的长度分别为 260.60 km 和 142.05 km,占总岸线长度的比例分别为 64.72%和35.28%。

(5)日照市岸线长度为 193.31 km,占全省大陆海岸线总长比例为 5.84%。人工岸线、基岩岸线、砂质岸线和粉砂淤泥质岸线的长度分别为 131.38 km、

1.79 km、33.69 km 和 26.45 km，占总岸线长度的比例分别为 67.96%、0.93%、17.43% 和 13.68%。

（6）潍坊市岸线长度为 157.08 km，占全省大陆海岸线总长比例为 4.75%。人工岸线和粉砂淤泥质岸线的长度分别为 152.31 km 和 4.77 km，占总岸线长度的比例分别为 96.96% 和 3.04%。

（7）滨州市岸线长度最小，为 103.38 km，占全省大陆海岸线总长比例为 3.13%。人工岸线和粉砂淤泥质岸线的长度分别为 93.39 km 和 9.99 km，占总岸线长度的比例分别为 90.34% 和 9.66%。

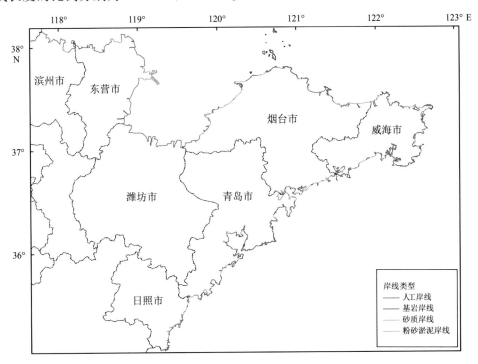

图 2.2　2020 年山东省岸线类型分布

2.2　岸线类型变化

2007—2020 年山东半岛大陆岸线总长度减小 35.37 km，年均减小速率为 2.72 km/a。自然岸线长度减小 863.26 km，其中，基岩岸线、砂质岸线和粉砂淤泥质岸线长度分别减小 565.07 km、245.67 km 和 52.52 km，变化速率分别为 -43.47 km/a、-18.90 km/a 和 -4.04 km/a；人工岸线增加 827.89 km，变化速率为 63.68 km/a。山东半岛大陆岸线整体表现为人工岸线一直是主要岸线类型且保持较快的增加速率(图 2.3),而自然岸线保有率减小 25.42%。

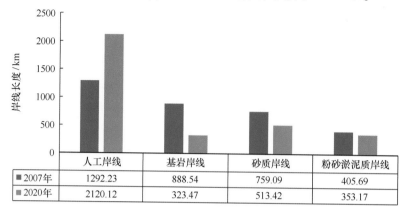

	人工岸线	基岩岸线	砂质岸线	粉砂淤泥质岸线
2007年	1292.23	888.54	759.09	405.69
2020年	2120.12	323.47	513.42	353.17

图 2.3　2007—2020 年山东半岛岸线长度变化

威海市、东营市和青岛市岸线长度分别减小 77.43 km、11.66 km 和 1.62 km,变化速率为-5.96 km/a、-0.90 km/a 和-0.12 km/a;日照市、滨州市、潍坊市和烟台市岸线分别增加 23.06 km、15.32 km、8.54 km 和 8.42 km,变化速率为 1.77 km/a、1.18 km/a、0.66 km/a 和 0.65 km/a(图 2.4)。

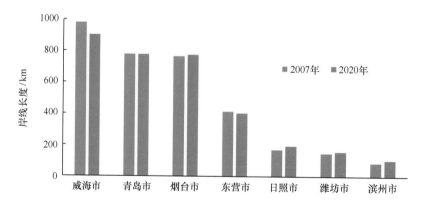

图 2.4　2007—2020 年沿海各市岸线长度变化

山东半岛各地呈现自然岸线长度减小,人工岸线长度增大的趋势(图 2.5~2.11)。其中,威海市、青岛市和烟台市的岸线类型变化最为明显,人工岸线长度分别增大 314.27 km、241.54 km 和 186.61 km,自然岸线长度分别减小 391.70 km、243.16 km和178.19 km。其余各地虽然岸线类型长度变化相对较小,但滨州市和日照市由于其岸线总长度相对较小,导致其岸线变化比例相对较高(表 2.1)。

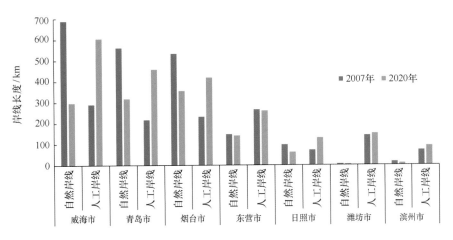

图 2.5　2007—2020 年沿海各市岸线变化

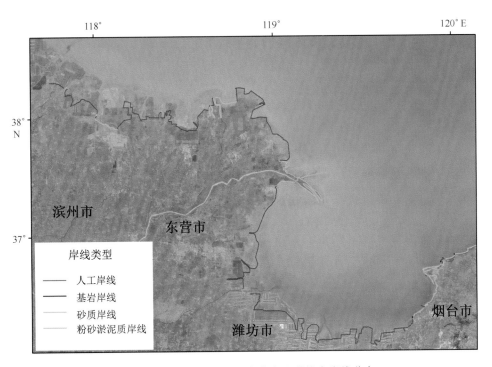

图 2.6　2007 年滨州市、东营市和潍坊市岸线分布

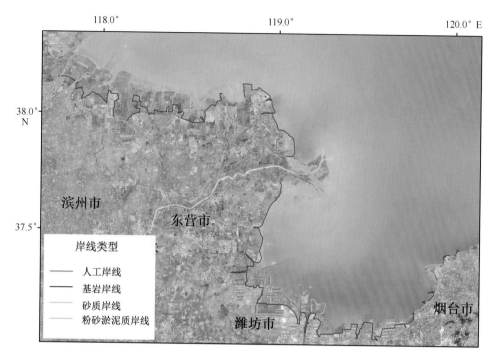

图 2.7　2020 年滨州市、东营市和潍坊市岸线分布

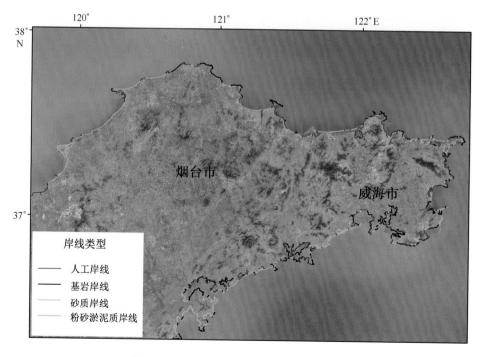

图 2.8　2007 年烟台市和威海市岸线分布

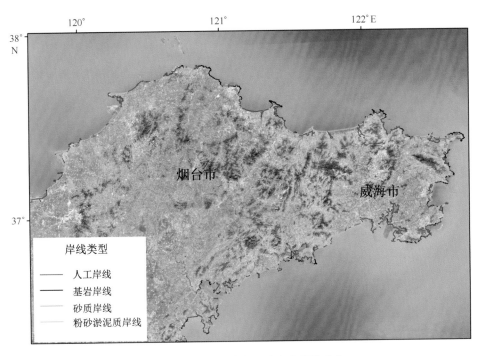

图 2.9　2020 年烟台市和威海市岸线分布

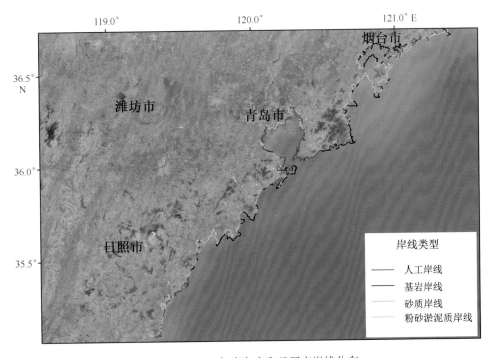

图 2.10　2007 年青岛市和日照市岸线分布

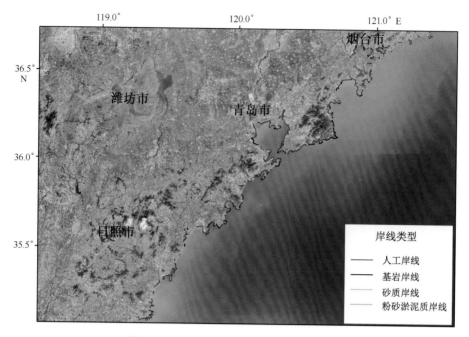

图 2.11　2020 年青岛市和日照市岸线分布

表 2.1　山东半岛岸线变化

		2007 年 长度/km	2020 年 长度/km	长度变化/ km	变化速率/ （km/a）	变化比例/ %
人工岸线	威海市	290.68	604.95	314.27	24.17	32.07
	青岛市	217.28	458.82	241.54	18.58	31.02
	烟台市	232.06	418.67	186.61	14.35	24.37
	东营市	266.07	260.60	-5.47	-0.42	-1.32
	日照市	71.82	131.38	59.56	4.58	34.98
	潍坊市	142.78	152.31	9.53	0.73	6.42
	滨州市	71.54	93.39	21.85	1.68	24.81
	合计	1292.23	2120.12	827.89	63.68	24.75
自然岸线	威海市	689.25	297.55	-391.70	-30.13	-39.97
	青岛市	561.47	318.31	-243.16	-18.70	-31.22
	烟台市	533.65	355.46	-178.19	-13.71	-23.27
	东营市	148.24	142.05	-6.19	-0.48	-1.49
	日照市	98.43	61.93	-36.50	-2.81	-21.44
	潍坊市	5.75	4.77	-0.99	-0.08	-0.67
	滨州市	16.52	9.99	-6.53	-0.50	-7.42
	合计	2053.32	1190.06	-863.26	-66.40	-25.80

2.3　岸线变迁速率

　　岸线数据经过数字海岸分析系统模块(digital shoreline analysis system，DSAS)定量分析海岸线变化过程(Thieler et al.，2009；Himmelstoss et al.，2018)。首先，利用缓冲区法根据海岸线数据生成大致平行于海岸的基线，保证各期海岸线均位于基线同一侧；然后，在基线上以等间距向海岸线作垂线，每一个垂线对应一个断面编号(i)，任意两期岸线与垂线交点的距离，即为对应时期岸线变化距离，根据不同的统计模型自动计算任一时期海岸线的变迁速率。岸线变迁速率计算采用端点速率法(end point rate，EPR)(Crowell et al.，1993)(图 2.12)，即通过两期海岸线在垂线上相对于基线的距离与对应时期的时间间隔，来计算岸线变迁速率。计算公式如下：

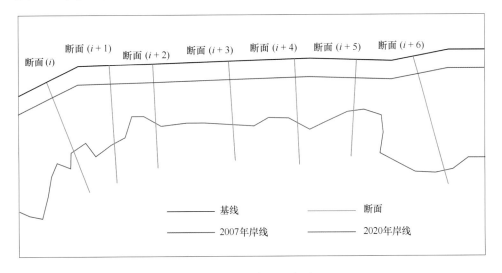

图 2.12　基线法示意图

$$EPR_{m(i,j)} = \frac{D_{mj} - D_{mi}}{T} \qquad (2-1)$$

式中，$EPR_{m(i,j)}$ 为 i、j 两个时相海岸线在第 m 条基线上的变化速率，D_{mi}、D_{mj}分别为 i、j 两个时相海岸线在第 m 条垂线的交点至基线的距离，T 为 i、j 两个时相的时间间隔。变化率以 m/a 的负值和正值表示，负值表示侵蚀，正值表示淤积，零值表示岸线位置没有发生变化。设定侵蚀、稳定和淤积岸线的标准分别为 EPR ≤ -0.5 m/a，-0.5 m/a < EPR < 0.5 m/a 和 EPR ≥ 0.5 m/a。

　　对整个山东半岛大陆岸线以 200 m 间距设置采样间距，通过多次平滑、拟合和调整后，共生成了 10 819 条有效垂线。根据终点速率法计算的侵蚀、淤积、稳定岸线(冲淤强度小于 0.5 m/a) 比例及平均迁移强度的结果显示，十余年来，山东大陆岸线以向海推进为主，部分岸段存在海岸侵蚀状况，海岸线变化速率区域差异性显著。统计发现，2007—2020 年山东半岛大陆海岸线变化的平均速率为 13.86 m/a，海岸线整体向海推进(表 2.2；图 2.13，图 2.14)。

表 2.2　山东半岛各地岸线变迁速率

	后退数量	比例/%	后退速率/$(m \cdot a^{-1})$	前进数量	比例/%	前进速率/$(m \cdot a^{-1})$
威海	380	36.29	8.58	938	28.40	19.27
青岛	252	24.07	7.86	1044	31.61	59.07
烟台	272	25.98	2.72	649	19.65	22.69
东营	66	6.31	65.91	241	7.29	132.42
日照	71	6.78	22.12	290	8.78	37.90
潍坊	6	0.57	27.53	93	2.82	91.59
滨州	0	0	0	48	1.45	172.87
山东半岛	1047	9.68	11.71	3303	30.53	46.68

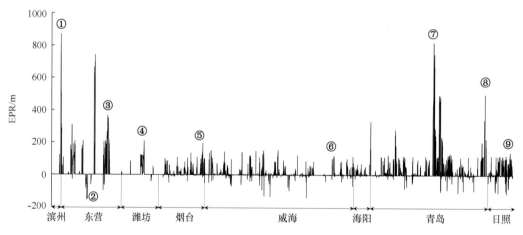

图 2.13　2007—2020 年山东省各沿海市岸线变迁距离

编号①~⑨为典型区域位置，对应影像见图 2.14

1047 条垂线发生岸线后退，占比 9.68%，平均后退速率为 11.71 m/a，后退岸线主要分布在砂质岸段和粉砂淤泥质岸段，其中岸线后退最大区域位于现代黄河三角洲北部黄河入海口刁口河附近，其岸线后退速率达到 142.32 m/a(图

图 2.14　典型岸线变迁区域卫星遥感图

2.14②）。其中，威海市、青岛市、烟台市、东营市、日照市和潍坊市岸线断面后退数量占总后退断面数量的比例分别为 36.29%、24.07%、25.98%、6.31%、6.78% 和 0.57%，平均后退速率分别为 8.58 m/a、7.86 m/a、2.72 m/a、65.91 m/a、22.12 m/a 和 27.53 m/a。

3303 条垂线发生岸线向海推进，占比 30.53%，平均前进速率为 46.68 m/a，多分布在新的人工岸段和大河口的粉砂淤泥质岸段（图 2.14①~⑨），如胶州湾红岛岸段（图 2.14⑦）和黄河清水沟现行河口附近（图 2.14③）。岸线向海推进以受人类活动影响为主，主要是由海岸工程建设和养殖围填海向海推进岸段增加所致，此外黄河流路改变导致三角洲现行河口附近持续淤积。其中，威海市、青岛市、烟台市、东营市、日照市、潍坊市和滨州市岸线断面前进数量占总前进断面数量的比例分别为 28.40%、31.61%、19.65%、7.29%、8.78%、2.82% 和 1.45%，平均前进速率分别为 19.27 m/a、59.07 m/a、22.69 m/a、132.42 m/a、37.90 m/a、91.59 m/a 和 172.87 m/a。

6469 条垂线保持稳定，占比 59.79%，平均变化速率较小，以人工岸线和基岩岸线为主，如青岛市崂山区基岩岸段和部分人工岸段等。

2.4　陆域面积变化

海岸带陆域面积变化为由岸线空间位置变化导致的海岸陆地面积的变化。海岸线向海移动（岸线前进），海岸陆地面积增大；海岸线向陆移动（岸线后退），海岸陆地面积减小，陆地增大面积与减小面积之差就是陆域面积的变化量。如果某个区域净增面积为正值，说明该区域海岸线整体向海移动，反之说明海岸线发生侵蚀后退。海岸变化面积的具体计算方法是在 ArcGIS 软件中将两个时期海岸线叠加并作拓扑分析，得到两条岸线之间发生变化的多边形及其面积，然后确定各个多边形的属性（面积增大或者减小），最后对增大面积和减小面积做统计分析，得到海岸带陆地面积变化情况。

岸线空间位置发生变化将导致海岸陆地面积变化，将 2007 年和 2020 年的两期海岸线进行叠加分析，获得这两个时段的海岸线摆动区域并进行陆域面积的变化量计算。结果显示，2007—2020 年山东大陆岸线向陆蚀退和向海推进兼有发生（图 2.15），以向海推进为主。陆域面积向海侧推进约 694.66 km²，向陆侧蚀退面积为 22.27 km²，面积净增加 672.39 km²，陆域面积变化速率为 51.72 km²/a。其中，威海市、青岛市、烟台市、东营市、日照市、潍坊市和滨州市的陆域面积均有增加，面积分别增加 133.58 km²、235.86 km²、89.29 km²、125.86 km²、37.86 km²、24.01 km² 和 48.20 km²，平均增加速率为 10.28 km²/a、

18.14 km²/a、6.87 km²/a、9.68 km²/a、2.91 km²/a、1.85 km²/a 和 3.71 km²/a（表 2.3）。陆域面积增加的最大区域位于青岛市胶州湾北部，主要因围填海使得红岛成为陆连岛而产生；蚀退则主要位于黄河三角洲北部飞雁滩附近，为黄河刁口河道废弃后持续遭受侵蚀的结果。

表 2.3　山东半岛各地陆域面积变化

	面积增加/km²	平均增加速率/(km²·a⁻¹)
威海	133.58	10.28
青岛	235.86	18.14
烟台	89.29	6.87
东营	125.86	9.68
日照	37.86	2.91
潍坊	24.01	1.85
滨州	48.20	3.71

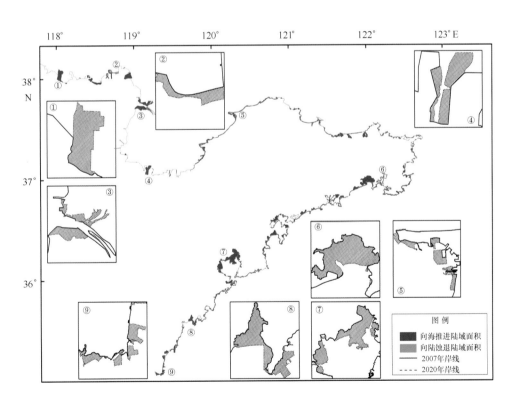

图 2.15　2007—2020 年山东半岛陆域面积变化

第3章　山东半岛近岸海域冲淤变化

山东半岛近岸海域北起漳卫新河河口，南至绣针河河口，形成了环山东半岛的陆架浅海，以蓬莱角至老铁山连线为界划分为渤海近海和黄海近海。山东半岛毗邻海域面积为 $15.86×10^4$ km²，有以黄河为代表的多条河流物质入海，同时近岸物质在波浪、潮流等水动力作用下不断向海输运，形成了山东半岛典型的近岸海域沉积体系。近岸海域冲淤变化刻画了陆源物质在海底的输运过程，可以进一步反映海岸侵蚀的程度和演变趋势，对海岸带地质环境稳定性研究有着重要的意义。

3.1　山东半岛近海地形

山东半岛北临渤海、南靠黄海，海洋资源得天独厚，近海海域占渤海和黄海总面积的37%。0 m 和 20 m 等深线之间海域面积为 27 778 km²，是多种海洋生物的产卵场、索饵场和越冬场，渔业资源种类多且资源量相对丰富。

3.1.1　渤海近海

渤海是一个深入中国大陆的浅海，整个海底从辽东湾、渤海湾和莱州湾3个海湾向渤海中央浅海盆地及渤海海峡倾斜，坡度平缓，平均坡度 0.13‰，是中国 4 个海域中坡度最小的海区。渤海平均水深 19 m，最大水深 84 m，位于渤海海峡中部。山东半岛渤海近海区域主要包括莱州湾和渤海海峡海域。

3.1.1.1　莱州湾

莱州湾位于渤海南部，北以黄河河口至屺姆岛一线为界，是一个弧状的浅水海湾。海湾开阔，海底地形简单，坡度平缓，由南向中央盆地倾斜，平均坡度约 0.19‰。水深大都在 15 m 以内，最深 23.5 m，位于屺姆角附近。

3.1.1.2　渤海海峡

渤海海峡位于辽东老铁山—山东蓬莱之间，跨渤海及北黄海，长约 115 km，宽约 100 km，庙岛群岛布列其中，将海峡分割为若干水道。

3.1.2　黄海近海

黄海为近南北向的浅海盆地。黄海海底地形由北、东、西三面向中部及东南部平缓倾斜，平均坡度 0.39‰。黄海大部分地区水深在 60 m 以内，平均水深 44 m。山东半岛黄海近海区域主要包括山东半岛东北沿岸海域和山东半岛南部沿岸海域。

3.1.2.1　山东半岛东北沿岸海域

从蓬莱角至成山头岸外地形为"一坡一台"地形。近岸为一陡而窄的岸坡，坡脚水深 10~15 m。在威海北部近岸，有一冲刷深槽，冲刷槽轴线平行海岸，向外海突出，沟槽深 15~30 m，最大水深达到 65.3 m。岸坡向外是一个明显的台地地形。台面水深 15~25 m，宽 30~40 km，台面平整，平均坡度约 0.25‰。台坎水深 25~50 m，宽 25~40 km，坡度约 1.00‰。在成山头外的台面上，发育一潮流冲蚀的深槽，最大水深近 80 m，70 m 深槽等深线长度近 10 km，比早期资料偏深，说明现代海底潮流冲蚀仍然占据主导地位。

3.1.2.2　山东半岛南部沿岸海域

山东半岛南岸区沿岸为典型的基岩港湾海岸，岸线曲折，岬与湾相间分布。自北而南，海湾包括荣成湾、养鱼池湾、俚岛湾、爱连湾、桑沟湾、黑泥湾、石岛湾、王家湾等。其中，以桑沟湾和石岛湾最大。海湾内多有拦湾沙坝发育，形成我国北方特有的沙坝-潟湖体系。在山东半岛东南角，分布本区水深最大的潮流冲刷槽，为成山头海槽的一部分，冲刷槽环绕着岸线展布，水深最大达 33 m。该区沿岸众多的海湾内海底平缓，向外海底倾斜。从成山头至石岛以南岸外的南黄海北部海区，为从北黄海延伸而来的台地，台坎坡度增大，可达 2.60‰。在石岛以南台面上，发育一个浅滩，20 m 等深线呈圈闭的正地形。

3.2　近岸海域冲淤变化

海岸带冲淤演变过程的研究通常通过监测垂直海岸线并延伸至水深闭合深度的岸滩剖面变化来进行。闭合深度是波浪对底部沉积物起动与水下岸坡塑造有显著作用的水深限度。在闭合深度以浅水域，泥沙颗粒在波浪与潮流动力作用下积极参与海岸剖面的调整过程，海岸剖面在一定的范围内呈显著的冲淤变化，可以反映岸线淤涨和侵蚀或进退变化，但在闭合深度以深水域的剖面变化相对较小(陈西庆和陈吉余，1998)。因此，考虑到闭合深度和数据的覆盖范围，山东半岛近岸海域冲淤变化的研究范围主要为0~10 m等深线(图3.1)。

当前主要有两种方式来研究海底冲淤变化:一种是通过空间插值的方法建立数字高程模型(DEM)(谢东风等,2013),另一种则是通过数值模拟的方式(周广镇等,2014)。本章采用2004—2006年与2019年的两期水深数据点,基于ArcGIS平台,建立两期的水深DEM,在此基础上进行冲淤分析,并结合区域内海岸侵蚀特征与人类活动的资料,探讨了2004—2019年山东半岛近岸海域海底冲淤变化特征。水深数据基于其空间分布,分为莱州湾、刁龙嘴至庙岛海峡、栾家口港至套子湾、套子湾至养马岛、威海港至靖海湾、乳山口至丁字湾以及胶州湾共7个典型区域。

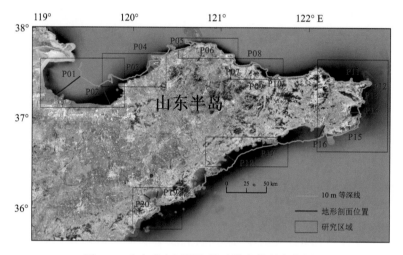

图3.1　山东半岛近岸海域冲淤变化研究范围

3.2.1　研究方法

山东半岛近岸海域水深数据来自电子海图和实测水深。海图由中国人民解放军海军海道测量局绘制,符合国际海道测量组织(IHO)发布的S-57标准。水深精度符合A1最高精度标准,位置精度符合《海道测量规范》(GB 12327—2022),水深基准面为理论深度基准面,即理论低潮面,坐标系统为WGS84(表3.1)。图3.2为2019年山东半岛沿海水深点的分布情况,7个典型区域内的水深点分布密度更高(图3.3),使得其能更好地模拟近岸海域水深地形。此外,在海岸线形态显著弯曲的区域,通过数据加密来提高DEM的精度,可以更好地反映微地貌的变化情况。

表 3.1　山东半岛水深数据来源说明

序号	区域	时间范围	坐标系统	深度基准
1	莱州湾	2005—2019 年	WGS84	理论深度基准面
2	刁龙嘴至庙岛海峡	2006—2019 年	WGS84	理论深度基准面
3	栾家口港至套子湾	2006—2019 年	WGS84	理论深度基准面
4	套子湾至养马岛	2005—2019 年	WGS84	理论深度基准面
5	威海港至靖海湾	2005—2019 年	WGS84	理论深度基准面
6	乳山口至丁字湾	2006—2019 年	WGS84	理论深度基准面
7	胶州湾	2004—2019 年	WGS84	理论深度基准面

图 3.2　原始水深点分布情况

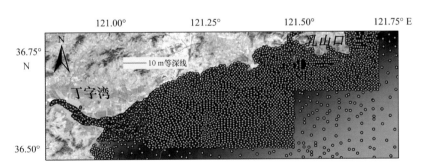

图 3.3　乳山口至丁字湾的水深点分布

利用 ArcGIS 平台将两期水深数据点统一为 WGS84 坐标系统，分别建立各典型区域的两期水深 DEM（图 3.4）。在空间插值过程中，可供选择的插值方法较多，最常见的 3 种插值方法为反距离权重法（inverse distance weighted，IDW）、克里金法和 TIN 转栅格，其他的插值方法一般不用于水深高程插值（表 3.2）。由于水深点分布不均匀，反距离权重法不适用于本次水深高程插值，TIN 转栅格则会导致地形呈现三角化和人为构造特征，而克里金法一般具有较好的插值效果。经过比较，克里金法更适合分析山东半岛近岸海域冲淤变化过程，并使用交叉验证方法评估了 DEM 的精度（表 3.3）（Jin and Heap，2011；Arun，2013；Polat et al.，2015）。在消除异常值后，提取两期 DEM 中的 2 m、5 m 和 10 m 等深线，计算不同深度等深线的变化特征。通过基于栅格之间的运算，计算 DEM 的变化趋势，从而获取了山东半岛近岸海域海床地形的冲淤变化特征（图 3.4）。在此基础上，使用填挖方工具，计算了每个区域的冲淤变化体积和面积，包括净冲淤变化体积。同时，使用三维分析工具，提取典型冲淤变化区域的剖面变化情况（剖面位置见图 3.1）。

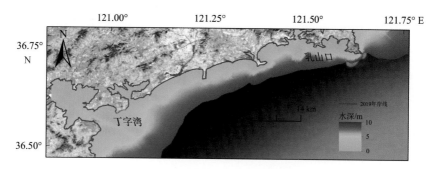

图 3.4　乳山口至丁字湾的水深高程模型

表 3.2　插值方法对比

空间插值方法	特点
反距离权重法	点集需要在空间中均匀分布，同时需要足够的数据密度来反映实际地形变化
克里金法	①广泛用于多种自然特征的空间插值； ②插值结果平滑
TIN 转栅格	①较好地模拟实际地形； ②插值过程使结果呈现三角化特征
其他	一般不用作于水深地形插值

表 3.3 各区域 DEM 精度评估 单位：m

区域	年份	最大误差	最小误差	平均误差	误差标准差
莱州湾	2019	9.046 14	0.000 03	0.010 75	1.246 85
刁龙嘴至庙岛海峡	2019	3.773 48	0.000 03	0.053 36	1.446 64
栾家口港至套子湾	2019	2.667 72	0.000 21	0.064 83	1.622 65
套子湾至养马岛	2019	3.278 11	0.000 00	0.034 74	1.421 65
威海港至靖海湾	2019	6.983 46	0.000 00	0.042 56	1.735 92
乳山口至丁字湾	2019	2.987 25	0.000 03	0.182 13	1.246 90
胶州湾	2019	3.887 60	0.000 01	0.015 37	2.277 54
莱州湾	2005	2.877 09	0.000 06	0.012 88	0.657 50
刁龙嘴至庙岛海峡	2006	2.336 51	0.000 02	0.021 51	0.926 51
栾家口港至套子湾	2006	2.149 62	0.000 00	0.093 91	1.504 29
套子湾至养马岛	2005	4.005 65	0.000 03	0.042 46	1.547 39
威海港至靖海湾	2005	2.024 76	0.000 00	0.044 63	1.730 18
乳山口至丁字湾	2006	1.756 44	0.000 04	0.020 16	1.161 51
胶州湾	2004	3.023 45	0.000 01	0.114 44	1.940 44

3.2.2 冲淤变化

通过 2004—2006 年与 2019 年的两期 DEM 数据与等深线数据叠加分析，发现山东半岛近岸海域海底地形变化特征整体以淤积为主，局部呈点状冲刷。山东半岛近岸海域内，莱州湾西淤积面积和淤积体积均最大，淤积面积 $6.59 \times 10^8 \, m^2$，淤积体积 $3.8 \times 10^8 \, m^3$，净淤积体积 $2.13 \times 10^8 \, m^3$；成山头周边海域淤积厚度最大，达 17.9 m，由于成山头周边陡峭的坡度以及点状的冲淤分布特征，该处淤积区域面积较小；最大冲刷区位于套子湾至养马岛区域，净冲刷体积达 $0.11 \times 10^8 \, m^3$，冲刷速率 $0.007 \times 10^8 \, m^3/a$（表 3.4）。

表 3.4 区域冲淤特征

研究区域	冲刷体积/ ($10^8 \, m^3$)	淤积体积/ ($10^8 \, m^3$)	净淤积体积/ ($10^8 \, m^3$)
莱州湾西侧	1.67	3.8	2.13

研究区域	冲刷体积/ （10^8 m³）	淤积体积/ （10^8 m³）	净淤积体积/ （10^8 m³）
莱州湾东侧	0.18	1.63	1.45
刁龙嘴至庙岛海峡	2.02	2.57	0.55
栾家口港至套子湾	0.74	0.97	0.23
套子湾至养马岛	0.83	0.72	−0.11
威海港至靖海湾	0.94	2.55	1.61
乳山口至丁字湾	1.13	2.91	1.78
胶州湾	0.76	1.34	0.58

3.2.2.1 北部近岸海域

山东半岛北部近岸 10 m 以浅的海域总体以淤积为主。在黄河入海口以南，莱州湾至庙岛海峡一线，淤积分布非常广泛，呈现大范围的面状淤积，厚度较大，冲刷则主要分布在湾内人工构筑物周边；庙岛海峡以东的沿岸海域，淤积与冲刷基本呈现点状分布的特征，冲淤程度相对较弱，而沿岸平直岸线附近的海域大致都呈现冲淤基本平衡的状态。

莱州湾海域内，2 m、5 m 和 10 m 等深线均有向海前进的趋势，湾内西侧与东侧都呈现淤积为主的特征（图 3.5），且海底地形变化集中于 2 m 和 5 m 等深线之间，冲刷则主要分布在莱州湾西侧近岸部分。刁龙嘴至庙岛海峡海域内，靠近刁龙嘴附近区域，2 m 和 5 m 等深线向陆收缩，10 m 等深线既有前进也有后退，总体冲淤平衡。在三山岛与人工港口建设区域，近岸 2 m 水深以内以冲刷为主，程度较弱，在 5~10 m 水深有冲有淤，但以淤积为主，总体表现为淤积（图 3.6）。栾家口港至套子湾海域内，栾家口港周边的等深线无明显进退变化，过大象岛后，海床坡度较陡，等深线密集，2 m、5 m 和 10 m 等深线既有后退也有前进；栾家口至蓬莱阁之间，有冲有淤，淤积集中于栾家口港与蓬莱阁周边海域，而近岸和 10 m 等深线附近都表现为冲刷，总体上冲淤平衡；在蓬莱阁至套子湾区间，冲刷和淤积情况都较为强烈，两者相互出现，整体上冲淤平衡（图 3.7~图 3.9）。

3.3.2.2 东北部近岸海域

山东半岛东北沿岸海域，即威海市沿岸 10 m 以浅的海域内主要以淤积为主，

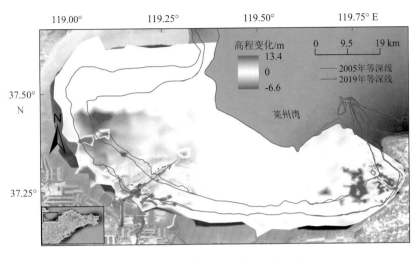

图 3.5　莱州湾等深线变化与冲淤变化

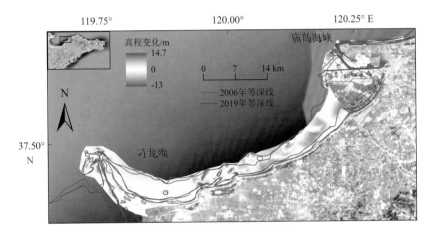

图 3.6　刁龙嘴至庙岛海峡等深线变化与冲淤变化

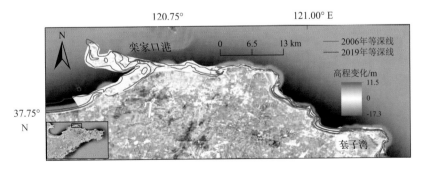

图 3.7　栾家口港至套子湾等深线变化与冲淤变化

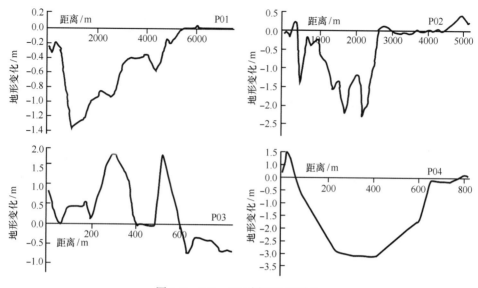

图 3.8　P01—P04 剖面地形变化

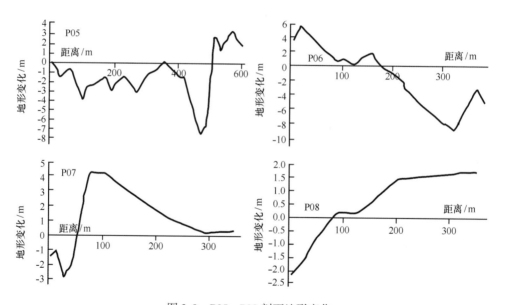

图 3.9　P05—P08 剖面地形变化

该海域多地冲刷与淤积交替出现，程度较强，均呈点状分布的特征。在北部山东半岛的拐角成山头处，冲刷与淤积均较为强烈，但是由于区域内地形十分陡峭，10 m 以浅海域的面积极小，表现为点状分布的特征；而在几个较大的海湾内，如荣成湾、桑沟湾和靖海湾内，呈现面状淤积或冲刷的特征，程度较弱，除靖海湾表现为淤积的情况外，各大海湾均表现为冲淤平衡。

套子湾至养马岛海域内，套子湾范围内 2 m 和 5 m 等深线两期局部略有前进与后退，近岸表现为淤积，向海逐渐变化为冲刷，在西侧近岸冲刷程度较强，总体变化不大，10 m 等深线在湾内两侧既有前进又有后退，总体冲淤平衡。芝罘湾内，由于工程建设导致等深线形态复杂，西侧冲淤分布情况复杂，有冲有淤，局部冲刷强烈，南侧淤积为主，程度较弱；四十里湾中，2 m、5 m 和 10 m 等深线均表现为向海前进，表明此处淤积情况较为明显，但淤积集中分布于近岸，程度较弱(图 3.10)。

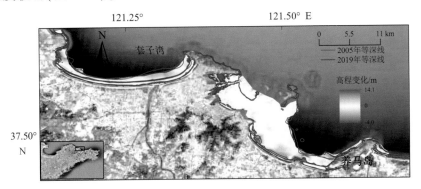

图 3.10 套子湾至养马岛等深线变化与冲淤变化

威海市沿岸，在荣成湾与养鱼池湾内，10 m 等深线向海前进，在靖海湾，2 m 和 5 m 等深线向海前进明显，其他区域未有明显的等深线变化(图 3.11)。沿岸区域，有冲有淤，分布较为均匀，总体上冲淤平衡，在鸡鸣岛附近海域 10 m 等深线附近冲刷较为强烈，其他区域的冲刷与淤积程度都较轻。成山头至靖海湾区域内，较大的海湾内淤积分布较为广泛，部分区域表现为冲刷，同时冲刷与淤积程度都较弱，海湾之间的海域则表现为较强的冲刷与淤积情况；荣成湾近岸冲淤平衡，10 m 等深线附近有较弱的淤积情况；养鱼池湾内，近岸表现为冲刷，5 m 等深线后无明显地形变化；桑沟湾近岸淤积分布显著，5~10 m 等深线有较弱的冲刷情况，在东南侧近岸为强淤积，10 m 等深线附近为强冲刷；石岛湾内近岸与 10 m 等深线附近表现为淤积，中间海域表现为弱冲刷；靖海湾内大部分表现为弱淤积(图 3.12 和图 3.13)。

3.2.2.3 南部近岸海域

山东半岛南侧，即靖海湾西侧至青岛胶州湾岸 10 m 以浅的海域内，冲刷与淤积分布呈现分段特征，主要分布区域为海阳市的乳山口至丁字湾之间与青岛市的胶州湾至崂山头海域内，其他海域内几无冲淤地形变化，其中乳山口至丁字湾间冲刷淤积分布呈面状特征，与等深线分布情况相关，在 2~5 m 等深线内

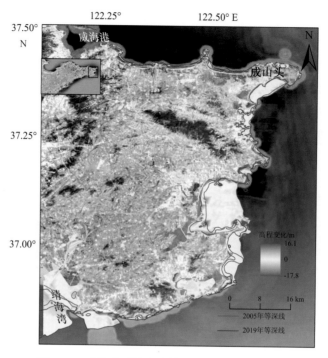

图 3.11　威海港到靖海湾等深线变化与冲淤变化

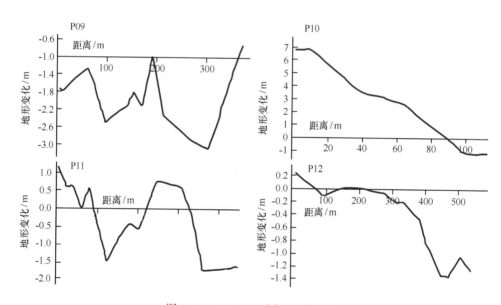

图 3.12　P09—P12 剖面地形变化

基本为淤积，5～10 m 等深线内基本为冲刷，而胶州湾至崂山头海域内，冲刷与淤积呈现点状分布，交替出现，整个南岸淤积最主要发生在丁字湾内，淤积强

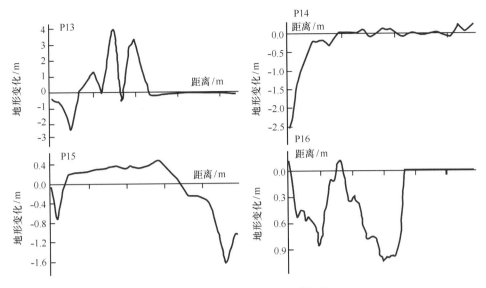

图 3.13　P13—P16 剖面地形变化

度很大，集中于河口两侧。

　　乳山口至丁字湾区间内，等深线无明显变化，局部 10 m 等深线向陆退缩或向海前进，区间冲淤基本平衡，地形变化较弱(图 3.14 和图 3.15)。区域内，海岸沿岸近岸普遍存在淤积，2~5 m 等深线之间为较强的冲刷，5~10 m 等深线之间则为广泛的弱冲刷，丁字湾内河口中段为强烈的冲刷，而河口中段两侧则为强烈的淤积；乳山口周边，近岸与 5~10 m 等深线之间表现为较强的淤积，2~5 m 等深线之间表现为冲刷。

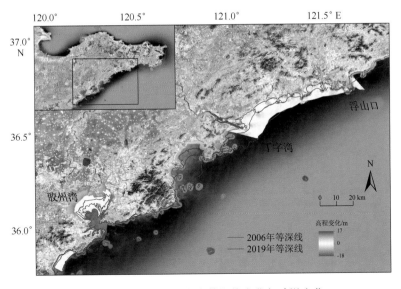

图 3.14　乳山口至丁字湾等深线变化与冲淤变化

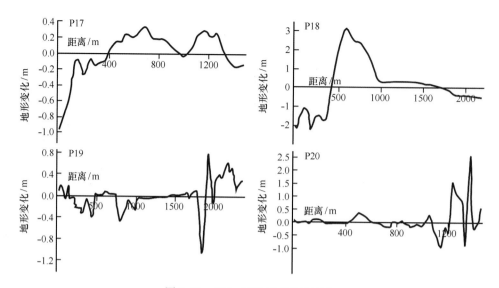

图 3.15　P17—P20 剖面地形变化

　　胶州湾周边，两期的等深线变化不显著，总体上冲淤平衡。胶州湾区域内，冲刷与淤积普遍存在，但程度皆较轻，分布有冲刷的区域往往都伴随淤积发生，总体来说区域冲淤地形变化不大，在胶州湾两侧青岛市沿岸存在较为显著的冲刷与淤积，相较于胶州湾内，分布面积较小。

第 4 章　山东半岛海岸侵蚀现状

20 世纪 60 年代之前，山东半岛海岸线还处于基本稳定的状态，但是 60 年代特别是 70 年代之后，人们陆续发现黄河三角洲和鲁南砂质岸线开始出现严重的海岸侵蚀现象。此后，海岸侵蚀逐渐成为山东半岛一种普遍存在的海洋地质灾害现象。山东半岛海岸类型丰富，砂质岸线、粉砂淤泥质岸线、基岩岸线和人工岸线均有分布，海岸过程各有特点。本章在对各典型类型海岸侵蚀现状分析后，将山东半岛划分为 57 个岸段，依据海岸带演变过程并综合考虑各岸段实际状况，探讨了山东半岛十余年以来的海岸侵蚀现状。整体而言，山东半岛海岸仍以遭受持续侵蚀为主，主要表现为岸线后退和滩面下蚀。在各种类型岸线中，砂质海岸较为脆弱，极易遭受侵蚀；粉砂淤泥质海岸，如黄河三角洲现行河口持续淤积但废弃河口受到严重侵蚀；基岩和人工岸线则一般较为稳定。

4.1　典型砂质海岸

山东半岛砂质海岸主要分布在半岛北部、东部和南部的鲁东丘陵海岸带区域，北部和西南部砂质岸线相对较为平直，东部岸线则较为曲折且多发育于岬湾间，而西北部受黄河入海泥沙堆积的影响，没有砂质海岸线 (图 4.1)。其中，北部砂质海岸段主要为山前冲积–洪积平原的海岸带，以平直的砂质海岸为特色，沿岸砂质潮滩发育，海湾宽浅；东部多为基岩岬湾海岸和沙坝–潟湖型海岸，岸线曲折，岬湾中发育各类沙滩；南部日照市沿岸砂质海岸段以平缓的剥蚀平原及小型河口的冲积平原为主体，岸线基本平直，以沿岸沙堤及滨海潟湖带组成的绵长砂质海岸为特色 (张荣，2004)。

多个山东半岛砂质岸段形成于 6000—4000 BP 前后 (王庆，1999)，如半岛北部的港栾—栾家口砂质海岸形成于冰后期海侵的淤涨过程，冰后期随着海侵过程，沙坝向陆迁移，形成沙坝–潟湖地貌；东南部青岛市的砂质海岸是全新世中—后期在近岸波浪作用下形成的，没有较大的河流在这个时期向前海输沙，海滩沙主要来源于海岸岬角和近岸海底的侵蚀；南部日照市区域处在地壳稳定的胶南台地上，全新世 7000 BP 前后最大海侵时曾被淹没成岬角和海湾，之后在该古海湾浅水区先后发育老、新两级沙坝和坝内潟湖,并演化成沙坝-潟湖堆积夷平岸段(庄振业等,2000)。

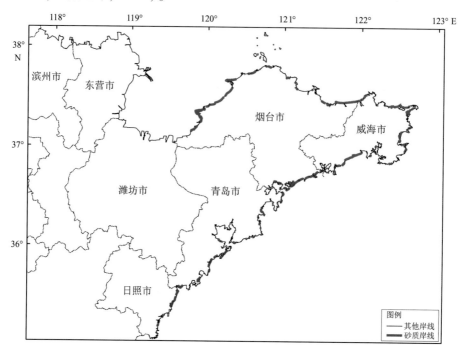

图 4.1　山东半岛砂质海岸分布

砂质海岸作为海岸带的重要组成部分,占据了全球 1/3 以上的海岸线,它是沉积物由陆向海输运"源-汇"过程的中继站(Chen et al.,2020),也具备海龟产卵场等生物栖息地的生态作用(Dimitriadis et al.,2022),更承载了人们海滨舒适生活所需要的环境(Spencer et al.,2022),因而砂质海岸在环境、娱乐、旅游和生态系统服务等方面均具有很高的科学研究和社会经济价值(Harris and Defeo,2022;蔡锋等,2019b)。然而,在社会快速发展的过程中,经济发展与资源环境的矛盾日益突出,而砂质海岸作为一种主要由砂粒组成的松散堆积体,极易随着风、波浪、潮汐、水位和沉积物等环境要素的改变而发生变化,导致其自然生态系统极其独特而脆弱(Fletcher et al.,2012)。

相对于具有稳定岩石的基岩海岸(Swirad et al.,2020)、大量泥沙输入的粉砂淤泥质海岸(Cao et al.,2021)、拥有红树林等植被保护的生物海岸(Pennings et al.,2021)等,砂质海岸往往要直接遭受各种海洋水动力的综合作用(Gao et al.,2022),其生存压力极为严峻。随着全球气候变暖引起的水动力增强(Grases et al.,2020)和人类活动导致的泥沙输入匮乏(Yin et al.,2018),砂质海岸面临着越来越严重的侵蚀风险(MacManus et al.，2021)。造成砂质海岸侵蚀的自然因素一般包括海平面、波浪、潮流、风暴潮和陆源供沙量等对区域性环境的影响(Nerem et al.，2018；Cai et al.，2009；Esteves et al.，2002；Flor-Blanco et al.，2021)，人为因素一般包括围填海、港口码头建设、入海河流筑坝、人工采砂和沙滩养护工程等对局部岸段的影响(Anthony et al.，2015；Warrick et al.，2019；Grottoli et al.，2020)。目前，全球约 70% 的砂质海岸遭受侵蚀(Bird，1985)，其中，27% 的欧洲砂质海岸(Luijendijk et al.，2018)、86% 的美国东海岸屏障海滩(Zhang et al.，2004)和 70% 的中国砂质海岸(于吉涛和陈子燊，2009)正在经历不同程度的侵蚀。预测到 2100 年全球砂质海岸将后退 100 m (Vousdoukas et al.，2020)，虽然这一结果存在一定的不确定性(Cooper et al.，2020)，但砂质海岸遭受侵蚀后退并越来越严重的灾害现象已成为共识。

最早在大约 20 世纪 50 年代，人们发现中国的砂质岸线开始出现侵蚀现象(夏东兴等，1993)，此后一直处于加剧的态势。在中国长度约为 18 000 km 的大陆岸线中，砂质岸线侵蚀长度达到 2463.4 km(Ge et al.，2017)(按侵蚀后退速率 > 0.5 m/a)，占全部砂质岸线长度的 49.5% 左右(Cao et al.，2022)。山东半岛的砂质海岸自 20 世纪 70 年代也开始面临侵蚀的问题，80 年代末侵蚀加速，侵蚀速率为 2~3 m/a，造成海滩砂亏损 20×10^6 t/a(庄振业和沈才林，1989)。随着海岸带的持续开发和利用，山东半岛的砂质岸线长度不断下降，2010 年山东半岛砂质海岸线累计长度为 754.8 km，2020 年长度为 513.4 km，十年间砂质岸线长度减小 241.4 km，而其主要原因则是愈发剧烈的人类活动(李广雪等，2013，2015)。此外，山东半岛三面环海的地理位置和地形特点，使其沿岸不仅受到台风风暴潮的侵袭，还频遭冷锋风暴潮的威胁，是我国有名的风暴潮多发区和严重区之一(高伟等，2020)，这也是砂质海岸易遭受侵蚀的重要因素之一。因此，本章选取 29 个典型岸段，设置了 42 条监测剖面(图 4.2，表 4.1)，以 2010 年剖面为基准，分析山东半岛典型砂质海岸的侵蚀现状和演化规律。

表 4.1　山东半岛砂质海岸监测剖面信息

序号	剖面号	位置	城市	起点纬度/N	起点经度/E
1	SD01	莱州市金沙滩	烟台	37°22′59.606″	119°55′34.507″
2	SD02	海北嘴—石虎嘴	烟台	37°26′14.071″	120°03′33.966″
3	SD03	海北嘴—石虎嘴	烟台	37°26′27.622″	120°04′36.728″
4	SD04	石虎嘴—屺坶岛	烟台	37°28′47.042″	120°09′28.303″

续表

序号	剖面号	位置	城市	起点纬度/N	起点经度/E
5	SD05	石虎嘴—屺姆岛	烟台	37°31′20.561″	120°12′52.934″
6	SD06	石虎嘴—屺姆岛	烟台	37°31′52.255″	120°13′31.324″
7	SD07	港栾—栾家口	烟台	37°44′58.510″	120°32′00.694″
8	SD08	港栾—栾家口	烟台	37°45′17.766″	120°34′19.438″
9	SD09	港栾—栾家口	烟台	37°45′58.381″	120°36′07.009″
10	SD10	蓬莱阁—八仙渡	烟台	37°49′15.154″	120°45′41.188″
11	SD11	黄金河—柳林河	烟台	37°34′49.821″	121°11′16.432″
12	SD12	柳林河—夹河	烟台	37°34′35.032″	121°12′27.622″
13	SD13	柳林河—夹河	烟台	37°34′35.033″	121°13′29.946″
14	SD14	夹河东	烟台	37°34′48.256″	121°19′19.459″
15	SD15	夹河东	烟台	37°34′52.831″	121°19′41.632″
16	SD16	玉岱山—逛荡河	烟台	37°28′37.265″	121°27′32.832″
17	SD17	逛荡河—马山寨	烟台	37°27′52.434″	121°28′42.899″
18	SD18	逛荡河—马山寨	烟台	37°27′17.431″	121°30′00.007″
19	SD19	金山港西	烟台	37°27′26.132″	121°40′51.384″
20	SD20	金山港东	烟台	37°27′20.678″	121°46′41.995″
21	SD21	金山港东	烟台	37°27′36.410″	121°50′30.419″
22	SD22	金山港东	烟台	37°27′54.503″	121°53′37.492″
23	SD23	威海国际海水浴场	威海	37°31′37.178″	122°02′17.027″
24	SD24	半月湾	威海	37°31′41.426″	122°09′05.270″
25	SD25	纹石宝滩	威海	37°24′33.505″	122°25′22.249″
26	SD26	天鹅湖	威海	37°21′35.017″	122°35′13.816″
27	SD27	荣成滨海公园	威海	37°28′23.660″	122°08′07.811″
28	SD28	乳山银滩	威海	36°48′59.278″	121°38′44.740″
29	SD29	海阳万米沙滩	烟台	36°41′31.207″	121°12′17.086″
30	SD30	石老人海水浴场	青岛	36°5′35.675″	120°28′03.777″
31	SD31	第三海水浴场	青岛	36°2′59.975″	120°21′37.471″
32	SD32	第一海水浴场	青岛	36°3′24.976″	120°20′13.809″
33	SD33	第六海水浴场	青岛	36°3′42.969″	120°18′40.586″

续表

序号	剖面号	位置	城市	起点纬度/N	起点经度/E
34	SD34	金沙滩	青岛	35°58′05.754″	120°15′15.294″
35	SD35	金沙滩	青岛	35°57′39.320″	120°14′39.727″
36	SD36	银沙滩	青岛	35°55′11.480″	120°11′53.744″
37	SD37	灵山湾	青岛	35°52′59.499″	120°03′45.623″
38	SD38	海滨国家森林公园	日照	35°31′49.107″	119°37′25.522″
39	SD39	万平口	日照	35°26′51.002″	119°34′31.515″
40	SD40	万平口	日照	35°25′33.176″	119°34′01.271″
41	SD41	万平口	日照	35°24′27.050″	119°33′37.004″
42	SD42	涛雒镇	日照	35°14′39.039″	119°24′09.767″

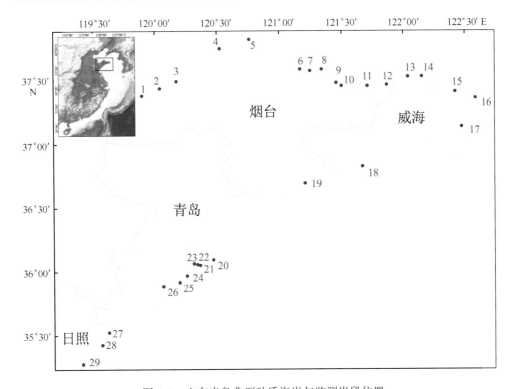

图 4.2　山东半岛典型砂质海岸与监测岸段位置

1. 莱州市金沙滩；2. 海北嘴—石虎嘴；3. 石虎嘴—屺坶岛；4. 港栾—栾家口；5. 蓬莱阁—八仙渡；6. 黄金河—柳林河；7. 柳林河—夹河；8. 夹河东；9. 玉岱山—逛荡河；10. 逛荡河—马山寨；11. 金山港西；12. 金山港东；13. 威海国际海水浴场；14. 半月湾；15. 纹石宝滩；16. 天鹅湖；17. 荣成滨海公园；18. 乳山银滩；19. 海阳万米沙滩；20. 石老人海水浴场；21. 第三海水浴场；22. 第一海水浴场；23. 第六海水浴场；24. 金沙滩；25. 银沙滩；26. 灵山湾；27. 日照海滨国家森林公园；28. 万平口；29. 涛雒镇

4.1.1 莱州市金沙滩

金沙滩位于莱州市三山岛村以西，刁龙嘴至莱州港之间，为沙坝-潟湖型海岸。距今 6000 a 前，三山岛为离岸岛屿，5000 a 前开始发育三山岛沙嘴，距今 4000 a 前后开始发育潟湖后被埋藏（庄振业等，1994）。20 世纪 80 年代受采砂、水库建设等人为因素影响，沙滩出现侵蚀后退的趋势（李平，2013）。金沙滩目前已开发为莱州黄金海岸生态旅游景区，北侧为渤海湾，东侧为三山岛村，南侧为旅游区附属停车场等，西侧为大量的养殖池（图 4.3）。该地沙滩砂质细腻洁净，颗粒均匀，踏感舒适，滩面平整开阔，犹如敞开式的自然大舞台，适合组织各项沙滩运动，曾举办过多届大学生沙滩排球和沙雕艺术节。莱州市金沙滩滩面以棕黄色中—粗砂为主，表层零散分布有直径 3~5 cm 的砾石。高潮带宽度约 60 m，坡度相对较大，为 5.2°，中-低潮带相对较为平缓；高潮带坡脚处水深较大，向海发育一宽缓低矮的水下沙坝，再向海坡度变大。

图 4.3 莱州金沙滩

SD01 剖面位于沙滩中部，与 2010 年基准剖面相比，滩面整体以上部堆积、下部侵蚀为主要特征。滩肩向海推进 15.2 m，前进速率为 1.4 m/a，但滩肩遭受轻微下蚀约 0.15 m；高潮带以堆积为主，最大堆积厚度约 0.9 m；中-低潮带普遍发生下蚀，最大下蚀发生在坡脚处，最大下蚀距离为 0.9 m，下蚀速率约为 8.2 cm/a。其中，2019—2021 年，潮间带滩面整体上发生淤积，最大堆积厚度为 0.6 m，滩肩保持基本稳定且继续向海推进（图 4.4）。同时，表层沉积物粒度持续粗化，坡脚处变化最为明显。

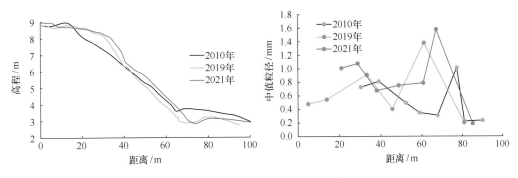

图 4.4　SD01 沙滩地形剖面与沉积物中值粒径变化

4.1.2　海北嘴—石虎嘴沙滩

该处沙滩位于莱州港东侧，介于海北嘴村和石虎嘴村之间，长度约 7 km，为沙坝-潟湖型海岸。海滩西侧开发为华电莱州发电有限公司，筑有两条码头伸入海中；海滩中部有一条小型河流入海，径流量较小；东侧为村庄。此外，有多条长短不一的丁坝伸入海中。海滩上部分布有大量养殖池和养殖场，再向陆为防风林(图 4.5)。在石虎嘴西侧(SD03)分布有侵蚀陡崖，陡崖长度约800 m，高度为8~10 m，陡崖沉积物以泥质沉积为主，侵蚀面可见明显的沉积层理(图 4.6)，最上部为第四纪冲洪积物。受海北嘴防波堤影响，该沙滩侵蚀严重，2005—2015 年岸线平均后退速率可达 3.5 m/a(尹砚军等，2016)。

图 4.5　海北嘴—石虎嘴沙滩周边环境

SD02 剖面位于海北嘴—石虎嘴滩面中间，后滨宽缓但被养殖场占据大部分

图 4.6　SD02 与 SD03 剖面位置沙滩现状

面积；高潮带滩面较陡，坡度为 6.3°；中-低潮带相对平缓。滩面堆积物，以棕黄色中—粗砂为主。2010—2021 年海滩呈现岸线后退和滩面下蚀的趋势，岸线后退约 3.4 m，后退速率为 0.31 m/a，下蚀距离约 1.0 m，下蚀速率 9.1 cm/a。其中 2019—2021 年以滩面下蚀为主，下蚀距离约 0.8 m，下蚀速率高达 40 cm/a。但其沉积物粒径逐年变细，可能是受到其东侧软质土崖被侵蚀后细颗粒沉积物的影响（图 4.7）。

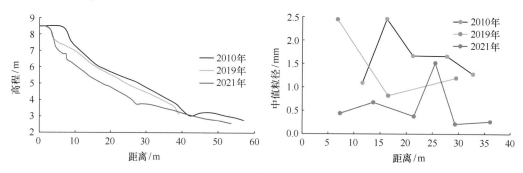

图 4.7　SD02 沙滩地形剖面与沉积物中值粒径变化

SD03 剖面位于海北嘴—石虎嘴滩面东侧，陆侧起点为软土崖，高度为 8~10 m，崖面受波浪冲刷不断塌落，塌落的堆积物在波浪作用下向海输运，造成崖下滩面较为平缓，滩面堆积物颗粒相对较细，以细—中砂为主。历史卫星影像和剖面监测数据表明，2010—2021 年，软土崖持续后退约 12.5 m，平均后退速率为 1.14 m/a，其中 2019—2021 年陡崖后退约 2.0 m。该剖面为典型的软崖-滩面维持系统，软崖为滩面提供了丰富的沉积物来源，虽持续遭受侵蚀，但其滩面形态和高程基本保持稳定，表层沉积物粒度除个别点位外也基本保持稳定（图 4.8）。

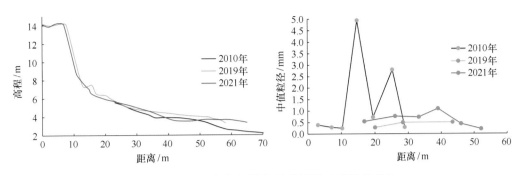

图 4.8　SD03 沙滩地形剖面与沉积物中值粒径变化

4.1.3　石虎嘴—屺坶岛沙滩

石虎嘴—屺坶岛海滩位于莱州湾东岸的龙口湾，海滩南部为石虎嘴岬角，北侧为屺坶岛岬角，长度约 17 km，滩面宽度 50～150 m，为夷直型海岸。海滩开发程度较高，海滩上部基本被养殖场占据，向陆为大片的防风林(图 4.9)，近 60 a 来石虎嘴—屺坶岛海岸侵蚀强烈，以界河口附近岸段最为显著(战超，2017)。海滩北部龙口湾正在修建大面积的人工岛群，总占地面积 45 km²。据了解，龙口人工岛群工程北起龙口港主航道南约 2 km 处，东起现有岸线，西侧、南侧至龙口、招远海域分界线，是山东"集中集约用海"九大核心区之一。根据批复，该工程将建设 7 个人工岛，是国家投资了 1000 亿元人民币打造的中国第一大、世界第四大的人工群岛，是渤海湾建设最大的一笔投资。据了解，该工程基本不占用自然岸线，全部保留规划区内沙滩、防护林带，新形成人工深水岸线 57.8 km，接近龙口市现有自然岸线的长度。同时，为保持龙口湾水系通透，规划预留西南、东北方向两条宽 550～600 m 的主水道，以及西北、东南方向两条宽 200～300 m 的辅助水道，实现龙口湾水动力环境通畅。建成之后，岛与岛之间、岛与陆之间将通过 15 座桥梁相连，形成龙口湾畔一座寸土寸金的生态岛城。此外，海滩南部于 2015 年修建离岸堤，中部为春雨码头。

SD04 剖面位于石虎嘴岬角以东约 6 km 处，隶属招远市辛庄镇，该处沙滩发育平缓的后滨沙丘，其近海处分布大量的养殖场，向陆为防风林。滩面沉积物以浅黄色中—粗砂为主，砂质较好，受离岸堤影响，该处海滩呈现多个"Ω"形相连(图 4.10)。20 世纪 80 年代至今，该地遭受严重的海岸侵蚀，海岸线后退约百米。为此，2015 年该地修建了平行岸线的离岸堤以保护海岸，虽然目前离岸堤遮蔽区泥沙堆积已与岸线连接，但海岸的冲蚀情况依然非常严重。2010—2021 年，该剖面整体处于下蚀的状态，平均下蚀 1 m 左右，最大下蚀距离达到

图4.9 石虎嘴—屺坶岛沙滩周边环境

2.5 m，平均下蚀速率为 9.1 cm/a，岸线后退约 9.7 m，平均后退速率为 0.9 m/a。其中 2019—2021 年岸滩下蚀 0.8 m，高潮带滩面后退约 4 m，表明该处的海岸侵蚀仍十分严重(图4.10)。

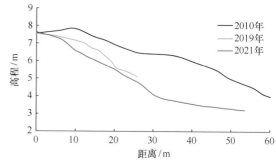

图4.10 SD04沙滩现状与剖面变化

SD05 剖面位于春雨码头东北侧约 650 m 处。海滩开发程度较高，滩面开发为春雨金沙滩海水浴场，向陆侧修建了春雨滨海度假村等旅游设施。滩面高潮带上部建为石质台阶，2012 年前后在剖面位置的滩面上建设了遮阳棚，剖面中部修筑了高约 1 m 的石墙，石墙两侧存在较多破碎的石块。高潮带坡度较大，为 7.13°，宽度约 25 m，中-低潮带坡度平缓。2010—2021 年，该剖面处于持续冲蚀状态，平均下蚀 1 m 左右，最大下蚀发生在高潮带坡脚处，下蚀距离达到 1.4 m，下蚀速率为 12.7 cm/a。其中，2019—2021 年该沙滩仍处于侵蚀的状态，石墙向海一侧冲蚀较为严重，滩面下蚀约 0.6 m(图 4.11)。

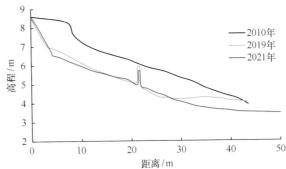

图 4.11　SD05 沙滩现状与剖面变化

SD06 剖面位于春雨码头东北侧约 1.7 km 处，招远辛庄滨海旅游度假区内，西侧为丁坝，东侧为碎石修筑的离岸堤。2019—2021 年，该处沙滩形态基本保持稳定，坡脚处略有侵蚀(图 4.12)。

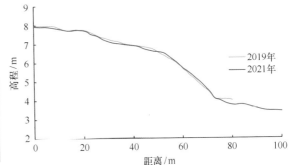

图 4.12　SD06 沙滩现状与剖面变化

4.1.4　港栾—栾家口沙滩

　　港栾—栾家口角滩面位于蓬莱市西部，隶属龙口市诸由观镇和蓬莱市北沟镇。该处海滩岸线相对较为平直，呈 NEE 向，西侧为港栾和桑岛，东侧为栾家口港，中西侧为该区主要入海河流黄水河(图 4.13)。海滩长度约 14 km，滩面

宽度约 100 m。除中部建设龙口黄水河口生态区之外，该处海滩开发利用强度较前述海滩相对较弱。海滩潮间带沉积物整体以浅黄色中—粗砂为主，后滨沙丘沉积物相对较细，生长着大量的草本植物和防风林（图 4.14）。研究表明，该沙滩西部处于持续侵蚀状态，东部处于持续淤积的趋势。

图 4.13　港栾—栾家口沙滩周边环境

图 4.14　SD07 与 SD08 剖面位置沙滩现状

　　SD07 剖面位于黄水河口东侧。该剖面发育宽缓的后滨，以浅黄色细砂为主。高潮带以黄色中砂为主，滩面坡度较大，达到 10.5°。2010—2021 年该处海滩处于持续后退的趋势，岸线后退约 19 m，后退速率为 1.7 m/a，其中 2019—2021 年岸线后退 4.4 m。表层沉积物也呈现粗化的趋势（图 4.15）。

　　SD08 剖面位于海滩中东部。该剖面发育宽缓的后滨沙丘，以浅黄色细砂为主，沙丘上草本植被十分茂密。高潮带滩面呈二级台阶状，以细—中砂为主，坡度相对较大，为 4.4°。2010—2021 年该海滩处于持续淤积的状态，岸线向海推进 47.6 m，推进速率达到 4.3 m/a；堆积厚度为 5.0 m，堆积速率达到

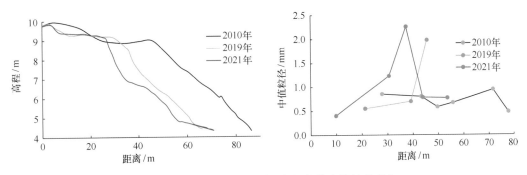

图 4.15　SD07 沙滩地形剖面与沉积物中值粒径变化

45.5 cm/a。其中，2019—2021 年岸线保持稳定，但中-低潮带滩面发生下蚀，原先发育的低缓的沙坝消失。表层沉积物粒度整体上变化较小(图 4.16)。

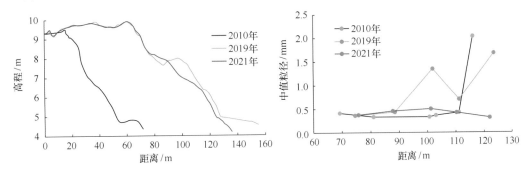

图 4.16　SD08 沙滩地形剖面与沉积物中值粒径变化

　　SD09 剖面位于海滩东侧。该剖面宽缓的后滨沙丘上植被茂密，以浅黄色细砂为主，颗粒相对较细。高潮带坡度相对 SD07 和 SD08 剖面的较小，为 2.3°，水下发育宽缓低矮的沙坝。2010—2021 年该海滩处于持续淤积的状态，岸线向海推进 31.3 m，推进速率达到 2.85 m/a；堆积厚度为 2.3 m，堆积速率达到 21 cm/a。其中，2019—2021 年后滨受人工挖沙影响高程出现较大变化，水下沙坝形态也有所调整，但剖面形态整体变化不大，但表层沉积物出现略为粗化的趋势(图 4.17)。

4.1.5　蓬莱阁—八仙渡沙滩

　　蓬莱阁—八仙渡滩面位于蓬莱市北部，渤海海峡南岸，西侧为蓬莱阁景区，东侧为八仙过海口景区，沙滩为蓬莱海水浴场，长度约 1.9 km。海滩宽度两侧较窄，中部较宽，约 90 m，为岬湾型海岸。由于处于蓬莱市核心位置和旅游景区，海滩开发利用程度较高，海滩上部为滨海公路，向陆侧为蓬莱市建筑群(图 4.18)。

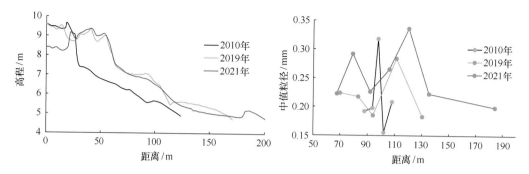

图 4.17　SD09 沙滩地形剖面与沉积物中值粒径变化

图 4.18　蓬莱阁—八仙渡沙滩周边环境

SD10 剖面位于海滩中部，海滩上部后滨沙丘较窄，宽仅 10 m 左右，上有人工植被。整体滩面较为平缓，起伏不大，坡度约 2.5°，滩面沉积物以细—中砂为主。2010—2021 年以淤积为主，主要发生在中-低潮带，淤积厚度约 0.6 m，淤积速率为 5.5 cm/a，但原先剖面中部发育的水下沙坝消失。2019—2021 年滩面形态基本稳定，部分滩面形态有所调整造成局部滩面冲蚀，并重新出现一个低缓的小型水下沙坝，表层沉积物粒度变大(图 4.19)。

4.1.6　黄金河—柳林河沙滩

套子湾位于山东半岛北部，烟台市福山区以北。海湾呈"凹"弧形向北开敞，是典型的弧形海岸，西起东岛嘴，东至芝罘岛西北角，有夹河、黄金河和柳林河等河流入海。套子湾属于开敞式次生海湾，是在原浅弧形岸线轮廓上由于芝

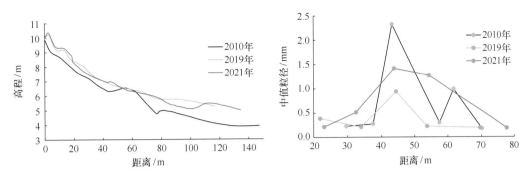

图 4.19　SD10 沙滩地形剖面与沉积物中值粒径变化

罘岛连岛沙坝而形成的，至今已有 3000 多年的历史(李孟国等, 2018)。海岸以砂质海岸为主，滨岸沙丘十分发育，其中在大沽夹河河口两侧滨岸沙丘区有 3 列沙丘发育，高度一般为 5~7 m(张振克, 1995)。滨岸沙丘前缘发育宽度 100~200 m 的平缓砂质海滩，具有较高的海滩旅游价值(图 4.20)。

图 4.20　套子湾砂质海岸环境及监测剖面位置

　　黄金河—柳林河沙滩位于烟台市套子湾西侧，黄金河与柳林河之间，长度约 2.5 km。沙滩上部全部为人工建筑，占据了大面积的滩面，向海一侧修建有高约 3 m 的防浪墙(SD11, 图 4.21)。潮间带滩面较为平缓，坡度约 1.5°，但受到护岸的影响，部分滩面较窄，部分岸段海水及岸，沉积物主要以细砂为主，粒度由陆向海逐渐变细。2019—2021 年滩面形态变化较大，呈现向沙坝化转化的趋势，造成部分滩面冲蚀，同时表层沉积物粒度基本保持不变(图 4.22)。

图 4.21　SD11 与 SD12 剖面位置沙滩现状

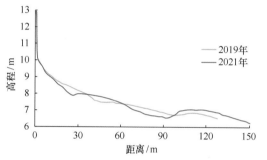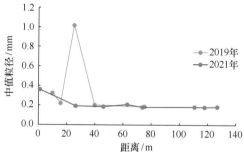

图 4.22　SD11 沙滩地形剖面与沉积物中值粒径变化

4.1.7　柳林河—夹河沙滩

柳林河—夹河沙滩位于套子湾中部，柳林河和夹河之间，长度约 8.5 km，滩面宽缓，最大宽度约 200 m，坡度较小，约为 1.4°，表层沉积物以细砂为主。该沙滩以海滨路为界，向陆侧已全部开发为公园或建筑群，向海侧保留为沙滩，但仍有部分建筑占据滩面。由于套子湾口向北开敞，经常受北向大风侵扰，风力强劲，海滩砂被风卷挟至滨海公路甚至更向陆一侧，为此当地政府在沙滩一侧修建了约 3 m 高的防沙网。SD12 剖面位于沙滩西侧，SD13 剖面位于沙滩中部。2019—2021 年，SD12 剖面滩面略有侵蚀，水下沙坝形态消失（图 4.23），SD13 剖面变化与 SD12 剖面相似，但滩面上部遭受侵蚀（图 4.24）。表层沉积物整体变化不大，但 SD12 和 SD13 剖面分别略出现变粗和变细的趋势。

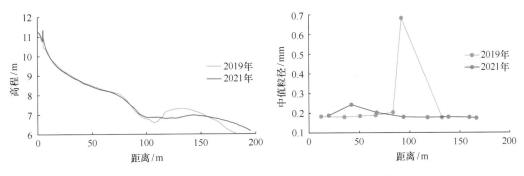

图 4.23　SD12 沙滩地形剖面与沉积物中值粒径变化

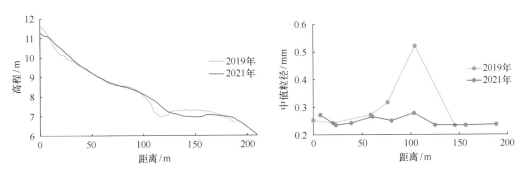

图 4.24　SD13 沙滩地形剖面与沉积物中值粒径变化

4.1.8　夹河东沙滩

夹河东沙滩位于套子湾东侧,西为夹河口,东临芝罘岛,长度约 4.5 km。海滩发育宽缓的潮间带和后滨沙丘,大潮时潮水可直达沙丘根部,沙丘上为防风林,沙丘底部修建滨海木栈道,风成沙丘宽度约 30 m,高 3~4 m(图 4.25)。SD14 与 SD15 剖面形态类似,沙丘坡度较大,但潮间带平缓,坡度较小,基本在 1.5°左右;沙丘颗粒较细,以浅黄色细砂为主,潮间带沉积物以黄色细砂为主,砂质较好。2010—2021 年该处沙滩整体以弱侵蚀为主,主要发生在中-低潮带,平均下蚀速率 2.0 cm/a,水下沙坝形态逐渐明显。但是 SD14 剖面风成沙丘向海推进约 2 m,前进速率约为 0.2 m/a(图 4.26),而 SD15 剖面风成沙丘后退约 4 m,后退速率约为 0.4 m/a(图 4.27)。表层沉积物粒度变化不大,但分别呈现出变粗和变细的趋势。

图 4.25　夹河东沙滩

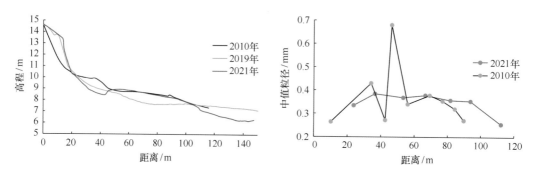

图 4.26　SD14 沙滩地形剖面与沉积物中值粒径变化

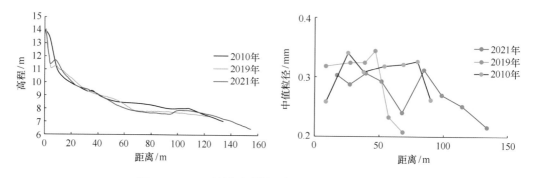

图 4.27　SD15 沙滩地形剖面与沉积物中值粒径变化

4.1.9　玉岱山—逛荡河沙滩

　　玉岱山—养马岛岸段位于烟台市莱山区，西起玉岱山，东至养马岛，长度约 15 km，中部马山寨岬角伸入海中，湾口向北开敞直面黄海，再向北为崆峒列岛。该区有辛安河、逛荡河和鱼鸟河等数条河流入海，西北侧以逛荡河为主，东南侧以辛安河和鱼鸟河为主。由于紧靠莱山区市区，该处海滩开发利用强度很大，岸边浴场、滨海公路和商住楼盘较多。玉岱山—养马岛海滩以烟大海水浴场沙滩为主，其正对烟台大学的东门，是烟台市第一大海水浴场，沙滩砂质细腻，面积宽阔，被称为"北方第一海滩"，海滩长度7 km，海滩平均宽度65 m，以逛荡河为界分为玉岱山—逛荡河沙滩和逛荡河—马山寨沙滩两段（图4.28），属岬湾型海岸。

图4.28　玉岱山—养马岛砂质海岸环境及监测剖面位置

玉岱山—逛荡河沙滩位于玉岱山—养马岛岸段西侧，长度约2.8 km，海滩平均宽度60 m，该沙滩位于烟台大学对面，交通便利，旅游设施较完善，滩面较缓，沉积物总体较细，粗粒沉积物呈带状平行海岸分布，滩面上部沙丘修建滨海公路和浴场更衣室，可见风成沙地。SD16剖面位于海滩中部，滩面宽度约100 m，滩面以黄色细—中砂为主。潮间带滩面比较平缓，坡度较小，约1.2°，同时发育两个低缓的小型沙坝，宽度约50 m，高度0.5 m左右。2010—2021年该沙滩整体处于侵蚀状态，滩面下蚀约0.7 m，下蚀速率约6 cm/a。其中，2019—2021年水下沙坝向海迁移，沙坝形态愈发明显。表层沉积物两端较细，中间较粗，并随时间逐渐呈现粗化的趋势（图4.29）。

4.1.10　逛荡河—马山寨沙滩

逛荡河—马山寨沙滩位于玉岱山—养马岛岸段中部，长度约4.0 km，沙丘根部修建了0.84 km的直立混凝土护岸，海滩平均宽度70 m，后滨为小型海积平原，沙丘发育，植被覆盖良好。西侧沙滩上部防风林发育，沙丘高约4 m，根

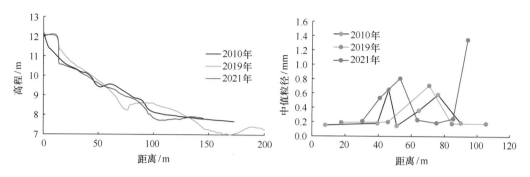

图 4.29　SD16 沙滩地形剖面与沉积物中值粒径变化

部为直立的挡浪墙（SD17），东侧沙滩上生长防风林和草本植被（SD18）（图4.30）。

图 4.30　SD17 与 SD18 剖面位置沙滩现状

　　SD17 剖面位于海滩中部，逛荡河东南侧。剖面起点位置为后滨沙丘，上部防风林发育，沙丘高约 4 m，根部为直立的挡浪墙；潮间带宽缓，坡度仅 1°左右，沉积物以黄色细砂为主。该剖面侵蚀较为强烈，2010—2021 年后滨沙丘后退约 6 m，后退速率 0.55 m/a；滩面下蚀距离为 1.0 m，下蚀速率为 9 cm/a。2019 年后水下沙坝逐渐发育，形态越发明显，表层沉积物也逐渐粗化（图4.31）。

　　SD18 剖面位于马山寨岬角西南侧。该处海滩开发强度相对较低，后滨沙丘发育，以浅黄色细砂为主，上部防风林和下部草本植被茂密。剖面整体比较平缓，坡度仅在 1.5°左右，沉积物以黄色细—中砂为主。2010—2021 年该剖面整体以淤积为主，但岸线发生后退约 3 m，上部沙丘冲淤基本相当，淤积主要发生在潮间带，平均淤积厚度为 0.7 m，淤积速率为 6 cm/a（图4.32）。表层沉积物粒度基本保持不变。

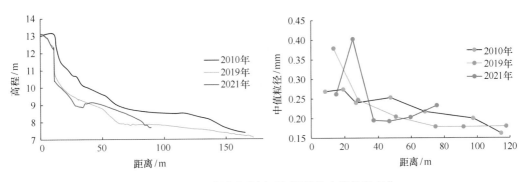

图 4.31　SD17 沙滩地形剖面与沉积物中值粒径变化

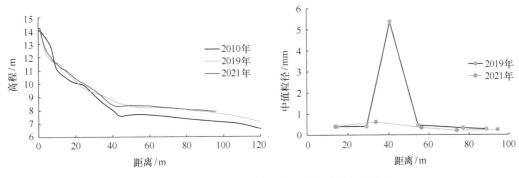

图 4.32　SD18 沙滩地形剖面与沉积物中值粒径变化

4.1.11　金山港西沙滩

养马岛—双岛湾岸段隶属于烟台市牟平区，西起养马岛，东至烟台市和威海市界双岛湾，长度约 27 km，呈东西走向，湾口向北开敞直面黄海，为沙坝-潟湖型海岸。海滩中部有汉河、念河入海，东侧双岛湾为羊亭河入海口。目前，海滩上部基本被养殖场完全占据，再向陆侧为大片的防风林。金山港位于养马岛—双岛湾岸段的中西部，东西两侧均有沙滩分布(图 4.33)。

金山港西沙滩位于养马岛至金山港之间，长度 9.3 km，滩面宽度约 100 m。SD19 剖面位于海滩西侧(图 4.33)，海滩剖面呈现台阶状，上部为风成沙丘，沙丘顶部非常宽缓，堆积物以浅黄色细砂为主，草本植被发育良好，两侧则为防风林。风成沙丘与潮间带之间为高约 3 m 的陡坎，向海为潮间带。潮间带相对也较为平缓，坡度约 1.2°，沉积物以黄色细砂为主，中-低潮带发育低缓的小型水下沙坝，沙坝宽约 30 m，高度 0.5 m 左右。2010—2021 年，风成沙丘向海淤进约 10 m，淤进速率为 0.9 m/a，同时水下沙坝向海迁移约 30 m。潮间带下蚀和淤

图 4.33　金山港沙滩环境与监测剖面位置

积共同存在，主要是由于水下沙坝迁移造成，其整体仍以弱侵蚀为主，下蚀约0.6 m，下蚀速率约 5.5 cm/a。其中，2019—2021 年剖面形态变化不大，坡脚处冲蚀量相对较大，表层沉积物粒度变细(图 4.34)。

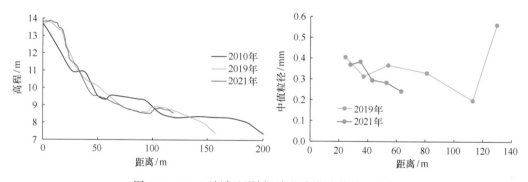

图 4.34　SD19 沙滩地形剖面与沉积物中值粒径变化

4.1.12　金山港东沙滩

金山港东沙滩位于金山港至双岛湾之间，长度 17.8 km，滩面宽度约 120 m。沙滩上部 100~200 m 的宽度均被养殖场占据，海水可直接到达建筑物根部，向陆侧为防风林及农田，沙滩中部有念河在此入海。基本呈现西侧侵蚀、中部淤积、东部稳定的演化趋势。

SD20 剖面位于沙滩西部，上部为风成沙丘，以浅黄色细砂为主，生长有草本植物，沙丘根部直接受海水冲蚀形成侵蚀陡坎，造成沙丘向海侧坡度较大。潮间带平缓且坡度仅 0.8°左右，沉积物以细—中砂为主。2019—2021 年该处沙滩遭受严重侵蚀，岸线后退 3 m，滩面下蚀约 0.6 m(图 4.35)。

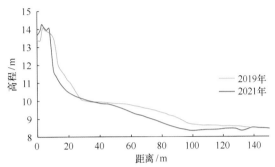

图 4.35　SD20 沙滩现状与地形剖面变化

　　SD21 剖面位于海滩中部，上部为风成沙丘，由于临近道路和养殖场，沙丘破坏较为严重，植被较少，沉积物以浅黄色细砂为主。潮间带较为平缓，坡度约 1.2°，沉积物以黄色细—中砂为主，中潮带发育宽缓的小型水下沙坝，宽度约 40 m，高度约 0.5 m。2010—2021 年，风成沙丘向海淤进约 3 m，淤进速率为 0.3 m/a。潮间带整体以淤积为主，淤积厚度在 1 m 左右，平均淤积速率为 9 cm/a，表层沉积物细化(图 4.36)。

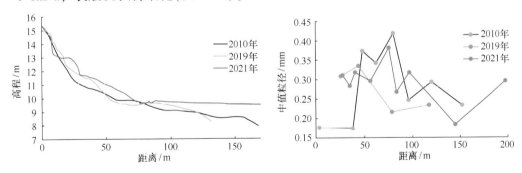

图 4.36　SD21 沙滩地形剖面与沉积物中值粒径变化

　　SD22 剖面位于海滩东部，上部为风成沙丘，以浅黄色细砂为主，零星生长有草本植被，但向陆侧被房屋占据，对沙丘破坏较为严重。潮间带较为平缓，坡度约 2.3°，沉积物以黄色细—中砂为主。2019—2021 年该滩面基本保持稳定，但高潮带坡脚处遭受冲蚀，下蚀距离约 0.4 m(图 4.37)。

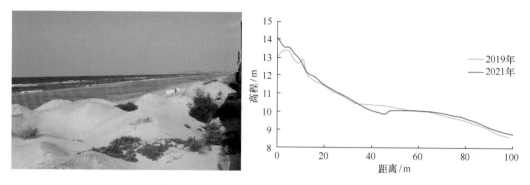

图 4.37　SD22 沙滩现状与地形剖面变化

4.1.13　威海国际海水浴场沙滩

　　威海国际海水浴场沙滩位于威海市环翠区内,西起烟墩山,东至玛咖山,呈 NEE 走向,长约 2.2 km,东西两端有基岩出露,为岬湾型海岸。东部沙滩较宽,中部建有广场,海滩上设有娱乐设施,是威海市最知名的国际海水浴场(图4.38)。沙滩地理位置优越,东西两侧玛咖山和烟墩山遥相呼应,更有大片松林带环绕,海水清澈,砂质良好,可同时容纳四五万名游客,是游客游泳、娱乐和度假的胜地。

图 4.38　威海国际海水浴场沙滩

　　威海国际海水浴场沙滩以淡黄色中—粗砂为主,海滩宽约 83 m,滩肩宽约67 m。后滨岸线处植被发育,沙滩剖面呈阶梯状,海滩平均坡度约为 2°,高潮带坡度较大,约 8.2°,中-低潮带较为宽缓,离岸约 200 m 处有水下沙坝,低潮时隐约可见。海滩管理较好,冬季建有拦沙网,海滩垃圾较少,海滩整体质量较好。2010—2020 年,该海滩以侵蚀后退为主,沙滩后退约 12 m,平均后退速率为 1.2 m/a,滩面下蚀约 0.9 m,下蚀速率为 9 cm/a,表层沉积物明显粗化(图

4.39）。2020—2021 年该滩面滩肩向陆一侧形态基本稳定，但滩肩向海推进 8 m，水下滩面淤涨 0.3 m。历史卫星影像表明，该处沙滩仍以侵蚀为主，滩肩位置调整比较强烈（于晓晓等，2016）。

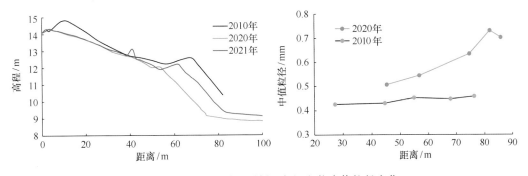

图 4.39　SD23 沙滩地形剖面与沉积物中值粒径变化

4.1.14　半月湾沙滩

半月湾沙滩位于威海市环翠区北部的半月湾内。半月湾为典型的岬湾式海湾，海湾呈"Ω"形，湾口介于南崮头和北崮头之间，向东北敞开，宽约 550 m。沙滩位于半月湾西侧，呈 NNW 走向，沙滩长度约 700 m，宽约 36 m，水清沙好，亦为威海市区的海水浴场（图 4.40）。沙滩及半月湾周边均已开发，沙滩上部已被广场和石质台阶等硬化，向陆一侧半月路沿沙滩自南向北穿过。SD24 剖面位于沙滩中部，表层沉积物以中—粗砂为主，由陆向海粒度变大，受环海路和建筑影响沙滩宽度较小，高潮带坡度较大，约 6°，中-低潮带较为平缓。2010—2021 年，该沙滩整体表现为淤积状态，岸滩向外推进约 3 m，平均速率为 0.3 m/a，滩面堆积约 0.6 m，淤积速率为 5.5 cm/a。表层沉积物呈细化的趋势（图 4.41）。

图 4.40　半月湾沙滩

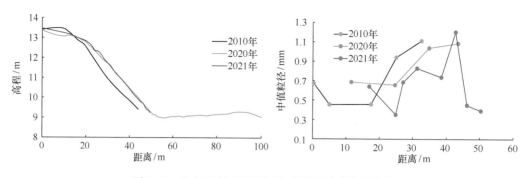

图 4.41 SD24 沙滩地形剖面与沉积物中值粒径变化

4.1.15 纹石宝滩

　　纹石宝滩位于荣成市港西镇北部，呈东西向，西起牙石，东至青龙顶，长度约 6 km，平均宽度 87 m。沙滩以环海公路为界，向陆一侧为防风林和建筑物，目前周边已开发为那香海国际旅游度假区，开发程度逐年上升，受环海路影响沙滩西侧宽东侧窄。沙滩上部的风成沙丘大部分已被人工建筑占据，靠海侧临近环海路的沙丘上有人工种植的松树和零星自然生长的草本植物等。沙滩中部有埠柳河入海，径流量很小，西部和东部为原潟湖改造后的水系景观(图 4.42)。纹石宝滩沙滩属于沙坝-槽谷型海滩，高潮带坡度相对较大，为 4.6°，坡脚发育沟槽，低潮带平缓并发育有低缓的水下沙坝。2010 年的植被线位于剖面 8 m 处，2020 年植被线基本处于 0~2 m 处，说明其后滨沙丘处于后退的状态，后退速率约为 0.8 m/a。2020—2021 年沙滩遭受严重侵蚀，侵蚀以滩面下蚀为主，滩面整体下蚀 0.8 m 以上(图 4.43)。后滨沙丘的细颗粒沉积物不断被侵蚀搬运至滩面，造成表层沉积出现细化的现象。

图 4.42 荣成纹石宝滩

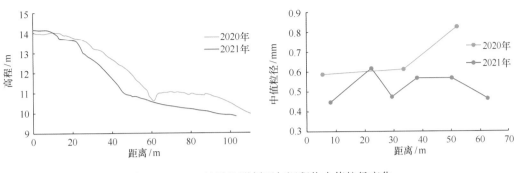

图 4.43　SD25 沙滩地形剖面与沉积物中值粒径变化

4.1.16　天鹅湖沙滩

荣成市成山卫南侧受 E 向和 SE 向波浪的影响，海底泥沙向岸运移，发育了 15 km 长的沙坝和内侧的一系列潟湖，构成了成山卫潟湖链(王永红等，2001)，月湖位于潟湖链最南端。天鹅湖海滩位于荣成市成山镇月湖东侧，荣成湾西侧，属于大天鹅国家级自然保护区。海滩的东北端为港口和修造船厂，东北段海滩开发强度较大；中段海滩后为松林，高潮线后可见明显的侵蚀陡坎；西南段为潟湖沙嘴体系，沙嘴长约 2 km，由北向南逐渐变窄。天鹅湖沙滩沙嘴部分被划进天鹅湖景区，除沙嘴外，其他沙滩后部种植防风松树林(图 4.44)。自 20 世纪 70 年代末以来，受人类活动及沿岸泥沙输移的影响，沙坝遭受侵蚀导致面积减小(任宗海等，2023；孙阳，2021)。

图 4.44　天鹅湖沙滩

天鹅湖沙滩呈 NE 走向，长约 4.9 km，宽约 50 m，发育有滩角，在岸线处发育约 1 m 的侵蚀陡坎，剖面处沙滩坡度较大，约 8°，水下发育沙坝沟槽体系，可观察到与平行岸线的水下沙坝。沙滩沉积物以淡黄色中—粗砂为主，分选较好，水下沉积物粒度较大。2010—2021年后滨沙丘曾遭受严重侵蚀（杨继超等，2012；宫立新，2014），长期来看滩面呈淤积状态，淤积厚度为 0.5～1.0 m，最大淤积发生在滩肩位置，造成滩肩形态越发明显，平均堆积速率约为 0.07 m/a。其中，2020—2021年，后滨沙丘后退约 1 m，滩肩以上滩面下蚀约 13 cm，滩角位置调整造成 SD26 剖面滩肩位置向海推进约 5 m。表层沉积物有粗化的趋势，2020年粗化现象最为明显（图 4.45）。

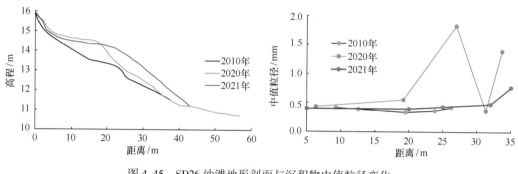

图 4.45　SD26 沙滩地形剖面与沉积物中值粒径变化

4.1.17　荣成滨海公园沙滩

滨海公园沙滩位于荣成市区东侧，桑沟湾西岸，为沙坝-潟湖型海岸。受河流入海泥沙量减少等原因，1990年桑沟湾西岸就已出现较为严重的侵蚀现象（陈刚和李从先，1991）。荣成滨海公园沙滩北起青龙嘴，南至沽河口，西侧为原潟湖形成的绿岛湖，并有沽河经绿岛湖后入海。沙滩呈 NNE 走向，长约6.5 km（图 4.46）。沙滩北端为码头，南端为沽河入海口，发育大量的河口沙坝。沙滩宽约 80 m，由北向南逐渐变宽，滩肩宽约 40 m，其前缘坡度较大，约为 6.5°，滩面以中砂为主，有大量的漂浮物堆积。沙滩后开发利用程度较大，依次修建有水泥质观光道路、人工植被带、海滨公路和酒店等人工建筑物等。2010—2021年，后滨和高潮带滩面基本保持稳定，仅滩肩处轻微淤积致使滩肩形态更加明显，而侵蚀主要发生于高潮带与中-低潮带的过渡区，下蚀深度为 1 m，平均下蚀速率约为 10 cm/a，同时表层沉积物粒度持续粗化（图 4.47）。

4.1.18　乳山银滩

乳山银滩坐落在山东威海乳山市东南，白沙湾西岸，因沙子洁白如银，因

图 4.46　荣成滨海公园沙滩

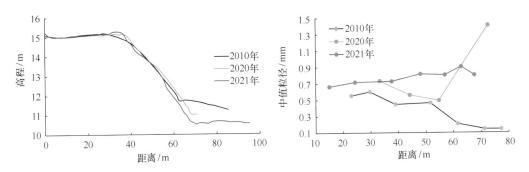

图 4.47　SD27 沙滩地形剖面与沉积物中值粒径变化

而获得"银滩"之名，被誉为"天下第一滩""东方夏威夷"。沙滩西起白沙口，向东绵延约 9 km，宽度约 100 m，呈 NEE 走向，海滩中部有白沙滩河等两条小的河流入海（图 4.48），为沙坝-潟湖型海岸。海滩后滨建有挡浪墙，东北段海滩滩肩后为湿地地貌，长有芦苇，建有观景台，海滩有明显的侵蚀特征，中段海滩滩肩后为风成沙丘，沙丘上植被覆盖度较高，西段为沙坝潟湖体系。SD28 剖面位于银滩西部，白沙口至白沙滩河入海口岸段中部，滩面坡度较缓约为 3.5°，后滨以黄白色细砂为主，向下滩面以浅黄色细—中砂为主，分选较好。2010—2021 年，乳山银滩处于稳定至淤积的状态，后滨沙丘向海推进约 9 m，平均推进速率为 0.8 m/a；中-低潮带保持稳定，剖面变化不大，而后滨至高潮带则以堆积为主，堆积厚度平均为 1.5 m，平均堆积速率约 14 cm/a，表层沉积物呈现细化的趋势（图 4.49）。

4.1.19　烟台海阳万米沙滩

SD29 剖面位于沙滩东部，2010—2021 年，沙滩以侵蚀为主，岸线后退约

图 4.48　乳山银滩

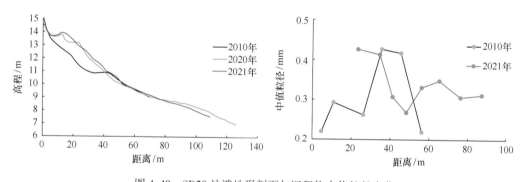

图 4.49　SD28 沙滩地形剖面与沉积物中值粒径变化

7 m，平均后退速率约为 0.6 m/a；中-低潮带以下蚀为主，下蚀深度约为 1.0 m，平均下蚀速率为 9 cm/a（图 4.50）。烟台海阳万米沙滩与侵蚀趋势具体见第 4.1.30 节内容。

4.1.20　石老人海水浴场沙滩

石老人海水浴场沙滩位于青岛市东侧，石老人国家旅游度假区内。沙滩所处海湾弧形向东南开敞，湾内无河流入海，长期受波浪动力塑造，属于岬湾型海岸。海滩长约 2.15 km，呈 NE—SW 走向，水下有沙坝体系发育。石老人湾周边开发强度很大，紧邻"青岛金家岭金融新区"，沙滩开发为石老人海水浴场，

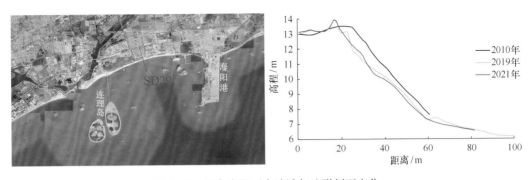

图 4.50 烟台海阳万米沙滩与地形剖面变化

因东侧海中海蚀柱"石老人"得名。近十几年以来，石老人海水浴场沙滩剖面形态变化相对较大（梁伟强等，2022）。SD30 剖面位于石老人海水浴场沙滩中东部，起点为滨海步行道与沙滩边界，向陆为滨海公路和建筑群，向海为后滨和潮间带（图 4.51）。后滨平坦宽约 50 m，以浅黄色细砂为主；潮间带坡度较小约1.7°，沉积物以黄色细—中砂为主，表层偶见砾石和贝壳。2010—2021 年，剖面整体以侵蚀为主，其中后滨略有下蚀，岸线后退约 12 m，后退速率为 1.1 m/a；侵蚀主要发生在潮间带，滩面下蚀约 0.9 m，下蚀速率为 8 cm/a。表层沉积物基本保持不变，局部变细（图 4.52）。

图 4.51 石老人海水浴场沙滩

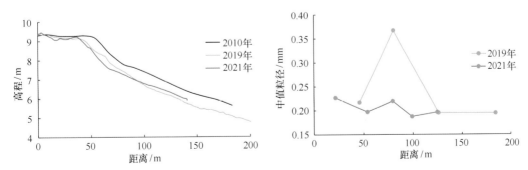

图 4.52 SD30 沙滩地形剖面与沉积物中值粒径变化

4.1.21　第三海水浴场沙滩

第三海水浴场沙滩位于青岛市南侧,浮山湾西岸。浮山湾一带岸线开发强度较大,以人工岸线为主,中北部沙滩不发育。第三海水浴场沙滩主要分布在西南侧的太平角至海趣岛之间,为典型的岬湾型海滩,目前为青岛市第三海水浴场。沙滩长度约 1 km,宽度 150～220 m,砂质均匀,沙滩南宽北窄,中北部滩面上基岩出露。2017 年曾对第三海水浴场沙滩进行了修复。SD31 剖面位于沙滩西南侧,临近太平角,受市区建筑群约束,剖面起点为滨海公路与沙滩分界线。该剖面长约 220 m,滩面非常平缓,坡度约 1.5°。表层沉积物以浅黄色细砂为主,后滨滩面存在零星直径 1～2 cm 的砾石,潮间带发育小型沙波。2010—2021 年沙滩整体保持稳定,滩面形态变化较小,其中 2019—2021 年滩面略有下蚀(图 4.53)。

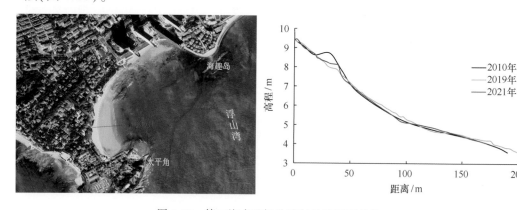

图 4.53　第三海水浴场沙滩与地形剖面变化

4.1.22　第一海水浴场沙滩

第一海水浴场沙滩位于青岛市区南侧,汇泉湾北岸。汇泉湾三面环山,为一个半封闭的基岩砂砾质海湾,湾口朝南,宽约 1.5 km,岸线长 2.75 km,面积约 4.12 km²,最大水深 7 m,湾内发育沙坝(庄丽华等,2008;常瑞芳等,1992),两端为基岩岬角,岬角由花岗岩组成,湾底为质地均匀、宽阔平缓的沙滩(于洪军等,2003)。湾内由西向东的沿岸流驱动颗粒较细的泥沙顺海岸线向东运动,形成了由西北向东南,沉积物类型依次为细砾、粗砂、中砂、细砂分布的特征(王伟伟等,2007)。早期汇泉湾沙滩受侵蚀较为严重,2003 年对第一海水浴场进行了大规模的改造和养护,在 500 m 长的浴场滩面上抛沙 1.2 ×

10^4 m³，整个海滩比原来增高 35 cm。2017 年，青岛第一海水浴场又进行了一次沙滩修复工程，3.2 hm² 的沙滩更换了 $2×10^4$ m³ 新沙，新沙厚度达 60 cm，旧沙全部被推到潮水线以下，减小潮水线下的沙滩坡度(半岛网新闻，2017)。

　　第一海水浴场海滩长约 850 m，宽约 240 m，表层沉积物主要由细砂组成，粒度自陆向海逐渐变小。SD32 剖面位于第一海水浴场沙滩中部，长度约 300 m，剖面呈阶梯状，高潮带坡度相对较大，约 3°；中-低潮带宽缓，坡度仅 1°左右，同时发育一宽缓的水下沙坝，宽度约 100 m，高度仅 0.5 m 左右，呈新月形沿湾顶自东向西伸展，东部与陆地相连，沙坝顶部小型沙波十分发育(图 4.54)。受 2017 年沙滩养护影响和旧沙推至中-低潮带所致，整个滩面高程均有所增加。但 2019—2021 年剖面变化显示，该沙滩滩面处于弱侵蚀状态，岸线后退约 1.8 m，滩面下蚀速率为 3 cm/a，其中高潮带坡脚侵蚀较为严重，同时表层沉积物呈现粗化的趋势(图 4.55)。

图 4.54　第一海水浴场沙滩

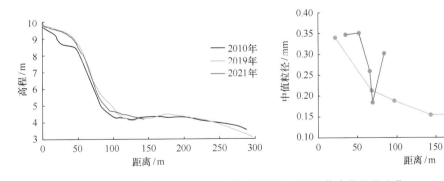

图 4.55　SD32 沙滩地形剖面与沉积物中值粒径变化

4.1.23　第六海水浴场沙滩

第六海水浴场沙滩位于青岛湾北岸。青岛湾位于青岛市区西南端，西起团岛，东至小青岛，北接青岛老市区中心，南连胶州湾口。青岛湾沿岸主要为人工岸线，沙滩主要分布在湾顶，是青岛主要的风景旅游区之一（图4.56）。第六海水浴场沙滩长度约260 m，宽度约90 m，呈E—W走向。SD33剖面位于第六海水浴场中部，起点为浴场更衣室台阶与沙滩界限，向陆为建筑群，向海为潮间带。高潮带较窄，宽约25 m，坡度相对较大，约6°，沉积物以细—中砂为主；中–低潮带平坦，宽约130 m，坡度仅1°左右，沉积物以细砂为主。2010—2021年，高潮带以侵蚀为主，下蚀约0.4 m，下蚀速率为4 cm/a，中–低潮带发生堆积，堆积厚度约0.3 m。其中，2019—2021年剖面形态基本稳定，潮间带滩面略有侵蚀约0.2 m，同时表层沉积物粒度变大（图4.57）。

图4.56　第六海水浴场沙滩

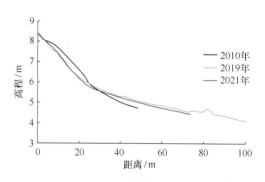
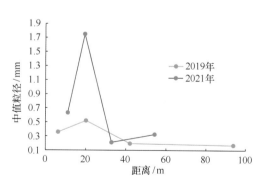

图4.57　SD33沙滩地形剖面与沉积物中值粒径变化

4.1.24 金沙滩

金沙滩位于青岛西海岸新区的凤凰岛西侧，西起象外岛，东至南屯码头，呈 SW—NE 走向，长度约 2.8 km，宽度约 200 m，属于岬湾型海岸。因其水清滩平，砂细如粉，色泽如金，故得名"金沙滩"。金沙滩美轮美奂，气象万千，是中国砂质最细、面积最大、风景最美的沙滩之一。在金沙滩上，看如金的沙滩铺向天边，赏如银的波浪急匆匆地亲吻金沙滩，听大海编织的交响乐声声入耳，喜爱它的人们冠之以"亚洲第一滩"的美称(青岛政务网，2020)，金沙滩也是青岛国际啤酒节的主会场(图 4.58)。

图 4.58　青岛金沙滩

青岛金沙滩为无障壁高能海滩(杨俊生等，2014)，SD34 剖面位于金沙滩北侧，SD35 剖面位于中部，起点为滨海观光道。两个剖面整体形态相似，滩肩比较明显，发育宽缓的后滨，宽度约 70 m，沉积物以浅黄色细砂为主，但近公路侧表层分布贝壳碎片及直径 1~2 cm 的砾石，向海侧沙滩质量变好；潮间带相对后滨坡度变大，但仍以平缓为主，坡度仅 1.3°左右，沉积物以黄色细砂为主。两个剖面的区别主要在潮间带，SD34 剖面潮间带平坦，微地貌不发育，SD35 剖面低潮带发育低矮的小型沙坝，沙坝间的沟槽内小型沙波非常发育，沙波波长约 15 cm，高 3~5 cm，陡坡方向向岸。2010—2021 年，SD34 剖面形态变化不大，潮间带基本保持稳定，但滩肩愈发明显，滩肩堆积厚度约 0.7 m(图 4.59)；SD35 剖面形态变化较大，整体以侵蚀为主，滩面下蚀约 0.9 m，但滩肩增高约 1 m，滩肩更加明显(图 4.60)，潮间带向沙坝型转化后又恢复至原形态。2019—2021 年，两个剖面滩肩均后退 3 m 左右，下蚀则分别发生在滩肩和高潮带滩面。同时，两个剖面处的表层沉积均呈现粗化的趋势。据此计算，青岛金沙滩岸线后退速率约 1.5 m/a，岸滩下蚀速率约 8 cm/a。此外，由于 2019 年"1909"号台风在此登陆，对沙滩冲蚀较为严重，也对导致金沙滩剖面上部堆积、滩肩后退和潮间带沙坝越来越明显等变化具有十分重要的作用。

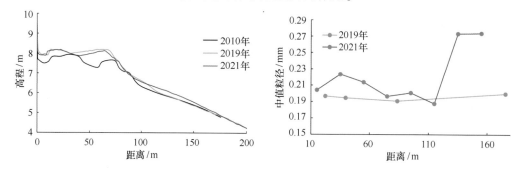

图 4.59　SD34 沙滩地形剖面与沉积物中值粒径变化

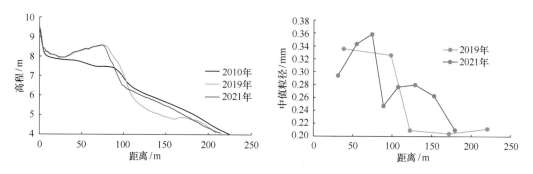

图 4.60　SD35 沙滩地形剖面与沉积物中值粒径变化

4.1.25　银沙滩

银沙滩位于青岛西海岸新区的凤凰岛西南侧，与国家 4A 级旅游景区金沙滩为姊妹滩，银沙滩北端自石岭子礁向西南绵延长度约 1.8 km，宽度约 170 m，呈月牙形状，NE—SW 走向，为夷直型海岸。银沙滩水清滩平，是天然的海水浴场，因砂质细腻均匀，太阳下银光四射，宛如镶嵌在蓝色丝绸上的银盘，故名银沙滩(图 4.61)。SD36 剖面起点为后滨风成沙丘，沙丘宽度较大，目前靠公路侧开发强度较大，建设了旅游酒店等设施，但仍以防风林为主，防风林与潮间带之间的沙丘之上主要生长草本植被，交界处为一列平行海岸的沙丘，高度约0.6 m，宽度 20~30 m，沉积物以浅黄色细砂为主，贝壳碎片富集，受道路影响，剖面处沙丘部分缺失。潮间带宽缓，坡度约 1°，沉积物以黄色细砂为主，低潮带部分区域发育沙波。2010—2021 年，该剖面形态变化不大，风成沙丘向海迁移约 10 m，高度降低但宽度有所增加，后滨沙丘滩面略有下蚀约 0.3 m，下蚀速率约为 3 cm/a。其中，2019 年"1909"号台风过境后，滩面形态变化对台风造成的水动力增强积极响应，表现为风成沙丘增高增宽，而潮间带滩面遭受冲蚀，滩面下蚀约 0.6 m，2021 年恢复至原滩面形态，同时表层沉积物粒度保持稳定(图 4.62)。

图 4.61　青岛银沙滩

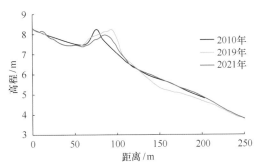
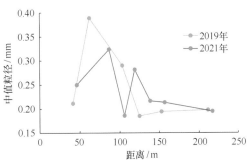

图 4.62　SD36 沙滩地形剖面与沉积物中值粒径变化

4.1.26　灵山湾沙滩

　　灵山湾沙滩位于青岛西海岸新区东侧、灵山湾西岸。灵山湾湾口在鱼鸣嘴与大珠山嘴之间，沿岸多为平缓沙滩。灵山湾沙滩北起星光岛，南至大黑石栏，呈 NNE—SSW 走向，长度约 10 km，为岬湾型海岸。其北依小珠山，西南临琅琊台，东南与灵山岛相望，风景十分优美，沙滩中部至西北部有风河、隐珠河等河流入海。沙滩紧邻黄岛市区，开发为海水浴场，周边环境开发利用程度较大，陆侧基本被滨海公路和建筑设施占据。自 20 世纪 90 年代以来，灵山湾沙滩侵蚀较为严重(杨鸣等，2005)并呈现加剧的趋势(徐方建等，2014)，建于20世纪50年代的碉堡，原本位于高潮线以上沿岸沙堤的顶部，现在已没入海中(图4.63)。

图4.63　灵山湾沙滩

SD37剖面位于沙滩北部，起点为护岸。向陆为建筑群，向海为后滨和潮间带，受公路限制，后滨较窄，为20~30 m，沉积物以浅黄色细砂为主，分布贝壳碎片；潮间带较宽，沉积物以黄色细砂为主，其中高潮带宽约40 m，坡度相对较大，约6.5°，中-低潮带宽缓，宽度约220 m，坡度仅约0.7°，低潮带发育宽缓低矮的小型沙坝，沙波沙纹非常发育，且存在一个废弃的早期碉堡。2010—2021年，沙滩变化以岸线后退和滩面下蚀为主，岸线后退约10 m，后退速率约0.9 m/a，滩面下蚀约0.8 m，下蚀速率为7 cm/a，表层沉积物也略有粗化的趋势(图4.64)。其中，2019年滩面受台风影响，低潮带沙坝形态较为明显，后期滩面恢复至原剖面形态。

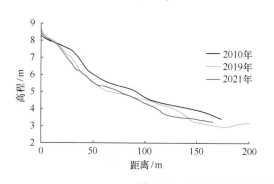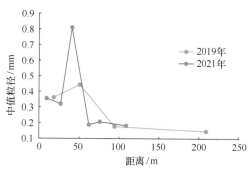

图4.64　SD37沙滩地形剖面与沉积物中值粒径变化

4.1.27　日照海滨国家森林公园沙滩

　　日照海滨国家森林公园海滩位于日照市北部东港区，东濒黄海，北起潮河入海口，南至任家台村，长度约5 km，是较为典型的夷直型海滩。沙滩平坦，砂质细腻，紧邻的日照海滨国家森林公园，是国家4A级旅游景区，也是日照市沿海防护林的重要组成部分（图4.65）。结合卫星影像分析和历史资料分析，该沙滩北部侵蚀严重（种衍飞和郝义，2020），中部和南部侵蚀相对较弱，岸线平均后退速率约为2.42 m/a。SD38剖面陆侧为森林公园旅游区，向海依次为后滨和潮间带。受公园旅游设施影响，后滨相对较窄，宽20～30 m，沉积物以浅黄色细砂为主；潮间带宽缓平坦，宽度超过300 m，坡度仅1°左右，沉积物以黄色细砂为主，低潮带滩面沙纹和沙波发育，存在零星贝壳。2010—2021年，侵蚀主要发生在中潮带下部和低潮带，滩面下蚀0.7 m，下蚀速率约为6 cm/a，表层沉积物明显粗化，同时高潮带坡脚受槽沟位置调整影响下蚀较为严重，最大下蚀距离可达1 m（图4.66）。

图4.65　日照海滨国家森林公园沙滩

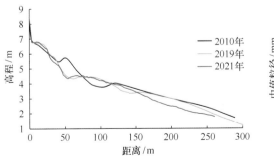
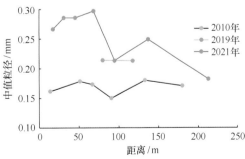

图4.66　SD38沙滩地形剖面与沉积物中值粒径变化

4.1.28 万平口沙滩

日照市万平口沙滩位于日照市中心城区的正东部，北起龙山嘴，南至万平口，长 6.35 km，宽 50~160 m，呈 S—N 走向，海岸线相对比较平直，最北部有少量礁石岬角，中部外海有太公岛，在最低潮时露出礁石基底，南部为典型的沙坝-潟湖体系，沙坝北宽南窄，最宽处达到 1 km，潟湖的潮汐通道在最南侧（图 4.67）。万平口取自"万艘船只平安抵达口岸"之意，万平口潟湖为亚洲最大的自然潟湖（董晶和谢小平，2015），是一个半封闭型的、东部由沙坝与外海相隔，东南部通过一条狭窄的潮汐通道与外海相通的潟湖，潟湖几乎呈南北走向、平行于海岸发育。万平口沙滩作为日照市重要的海水浴场之一，其旅游开发的管理相对比较成熟，北侧为山海天旅游度假区，中部为日照海洋公园，南部为万平口海滨风景区。

图 4.67　万平口沙滩

SD39、SD40 和 SD41 剖面分别位于万平口沙滩的北部、中部和南部，剖面起点均为步行道与海滩交界点，向陆一侧为旅游区设施，向海依次为后滨和潮间带，剖面形态类似，都发育后滨、坡度相对较陡的高潮带和宽缓的中-低潮带。SD39 剖面后滨宽 30~40 m，高潮带坡度约 4°，中-低潮带坡度约 1.2°，后滨沉积物以浅黄色细—中砂为主，向海沉积物颗粒变细，以浅黄色细砂为主，但高潮带坡脚出现中—粗砂甚至砾砂（图 4.68）；SD40 剖面后滨仅 5~10 m 宽，高潮带坡度约 9°，中-低潮带坡度约 1.7°，后滨沉积物以浅黄色细砂为主，草本植被稀疏生长，潮间带沉积物以浅黄色细砂为主，但高潮带坡脚处以中—粗砂为主，并出现砾砂和贝壳呈平行岸线的条带状分布。SD41 剖面后滨宽约 40 m，高潮带坡度约 4.5°，中-低潮带坡度约 1.4°，剖面两端表层沉积物以细砂为主，中部高潮带坡脚处以中—粗砂为主。

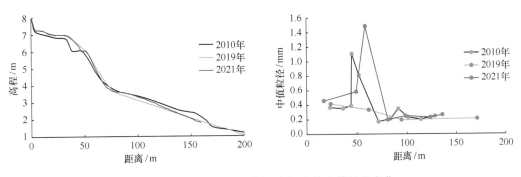

图 4.68　SD39 沙滩地形剖面与沉积物中值粒径变化

2010—2021 年万平口沙滩中部 SD40 剖面保持稳定，岸线略有后退而滩面则少量堆积，表层沉积物变细(图 4.69)；北部 SD39 剖面出现侵蚀，表层沉积物变粗，侵蚀主要发生在中-低潮带滩面，下蚀约 0.2 m，下蚀速率约 2 cm/a，后滨滩面淤积；南部 SD41 剖面形态变化与 SD39 剖面相反，后滨滩面略有侵蚀，但整体淤积约 0.4 m，淤积速率约 4 cm/a，岸线向海推进约 12 m，推进速率 1.1 m/a，但表层沉积物变粗(图 4.70)，南部淤积与万平口堤坝修建有密切关系。

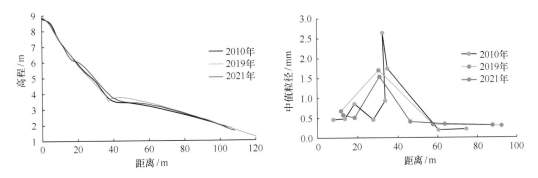

图 4.69　SD40 沙滩地形剖面与沉积物中值粒径变化

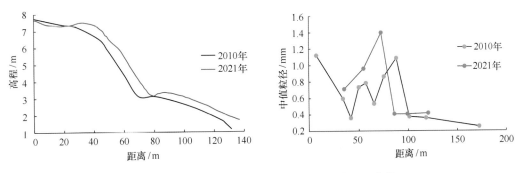

图 4.70　SD41 沙滩地形剖面与沉积物中值粒径变化

4.1.29　涛雒镇沙滩

　　日照涛雒镇沙滩位于日照市岚山区涛雒镇东南 4 km 处，北起小海河大桥，南至丰鑫渔港，长度 2.5 km，西侧为巨峰河和峰河，为夷直型海滩类型。该处海滩开发强度较低，处于相对自然演化的状态(图 4.71)。向陆侧为后滨沙丘，以浅黄色细砂为主，沙丘靠陆生长防风林，向海为草本植被，同时建有少量鱼塘和建筑物。SD42 剖面位于海滩南侧，丰鑫渔港以北 500 m。滩肩高度约 1 m，高潮带宽约 35 m，坡度较陡约 8°，上部分沉积物以浅黄色中—粗砂为主，下半部以黄色中砂为主，并分布有直径为 1~2 cm 的砾石；中-低潮带宽缓，坡度小于 1°，沉积物以黄色细砂为主。2010—2021 年，该剖面整体以淤积为主且主要发生在中-低潮带，淤积厚度约 1 m，淤积速率为 9 cm/a。其中，2019—2021 年滩面发生下蚀约 0.15 m，高潮带滩面后退约 3 m，高潮带表层沉积物粗化，但风成沙丘高度持续增加(图 4.72)。

图 4.71　涛雒镇沙滩

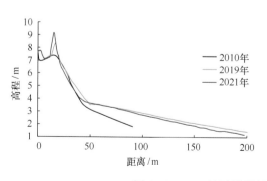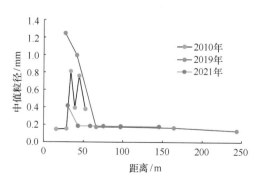

图 4.72　SD42 沙滩地形剖面与沉积物中值粒径变化

4.1.30 重点沙滩监测——海阳万米沙滩

4.1.30.1 岸线变化

海阳市位于胶东半岛南端，烟台市境南部，因地处黄海之阳而得名。海阳市地跨 $36°16'$—$37°10'$N，$120°50'$—$121°29'$E，东邻乳山、牟平，西接莱阳，北连栖霞，南濒黄海，西南隔丁字湾与即墨相望。2020 年海阳市大陆岸线总长度209.93 km，其中基岩岸线 18.24 km，人工岸线 98.60 km，砂质岸线 70.35 km，粉砂淤泥质岸线 22.74 km。相对于 2007 年岸线分布情况，海阳市岸线总长度减小 24.03 km，其中自然岸线长度减小 65.12 km，而人工岸线增长 41.09 km。2007—2020 年海阳市陆域面积净增 27.79 km^2（图 4.73），其中增加陆域面积28.35 km^2，减少陆域面积 0.56 km^2，向海推进速率为 2.14 km^2/a，丁字湾的围填海和海阳港的大规模扩建是面积增加的主要原因（图 4.74）。

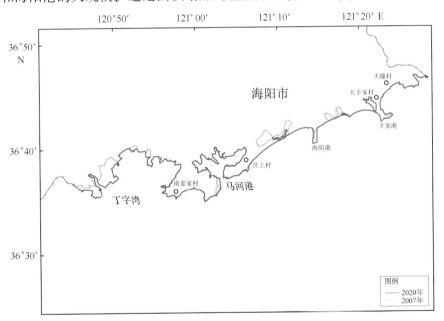

图 4.73　海阳市两期岸线分布

2007—2020 年海阳市海岸变化速率（end point rate，EPR）为 11.08 m/a。其中，丁字湾内海岸线变化速率为 24.31 m/a，南姜家庄村至马河港西侧变化速率为0.84 m/a，马河港至庄上村段海岸变化速率为 12.65 m/a，海阳港两侧海岸变化速率24.68 m/a，辛家港东侧海岸至大辛家村岸段变化速率为 15.02 m/a，大瞳村到乳山石岸段变化速率为 9.34 m/a，上述岸段以人工岸线快速增加和向海推进为主。庄上村至海阳港西侧海岸变化速率为0.51 m/a，海阳港东侧海岸至辛家港西侧岸段变化速率为-0.39 m/a，大辛家村到大瞳村岸段变化速率为0.08 m/a，该类岸线以砂质岸线为主，处于相对稳定的状态。而岸线侵蚀较为显著的区域集中分布在马河港岸段、东村河口西侧、东村河口东侧、海阳港西侧等砂质岸段，岸线变化速率分别为-0.54 m/a、-1.03 m/a、-1.01 m/a、-2.96 m/a，岸线变化最快的区域位于斜角洼村岸段，变化速率为-5.46 m/a。

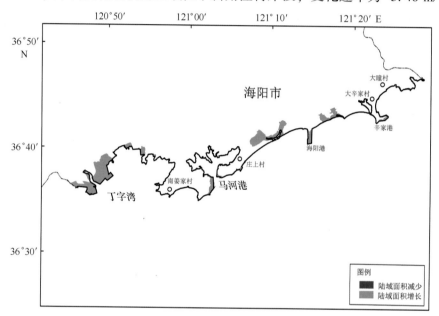

图4.74 海阳市2007—2020年陆域面积变化

4.1.30.2 海阳万米沙滩侵蚀

海阳万米沙滩位于烟台市海阳开发区，是典型的砂质海岸，属于沙坝-潟湖型海岸，走向北东。海滩东端是民房，海滩西端是连理岛大桥。海滩滩肩后为风成沙丘，海滩东、中部修建娱乐设施，海滩西部后滨建有沙雕公园海滩，名为凤城万米沙滩，属凤城开发区管辖。海滩以浅黄色中砂为主，分选较好。海滩厚度较大，海滩各层组分较为均一。沙滩发育高滩肩，陡斜的滩面和宽广的低潮阶地，可见大型滩角。目前，海岸工程、临海养殖和人为采砂导致万米沙滩海岸侵蚀十分严重（解航等，2022；王勇智等，2021）。

1）滩面变化

为监测海阳重点岸段的滩面变化情况，2018—2019年共执行了4次无人机航飞监测任务，其中，2019年8月无人机监测为台风"利奇马"（编号：1909）后的监测任务。通过上述无人机监测任务的图像分析结果，可以获得监测岸段的滩面变化情况。监测岸段长度约10 km，以东村河口为界，分为西南侧海滩和东北侧海滩。

西南侧海滩长度约4.6 km，整体较为平直，略呈弧形，低潮时顶点处海滩宽度约150 m，向两侧海滩宽度相对变大，最大宽度约300 m。由海向陆依次为海水、潮间带、风成沙丘，风成沙丘后修筑有高约1.0 m的护堤，堤外为大片的养殖场。其中，潮间带宽度较大，低潮时可见宽度约200 m，高潮带坡度较大，中、低潮间带坡度平缓，风成沙丘受护堤影响宽度只有15~30 m，沙丘上生长有绿色植被(图4.75)。同时，沿高潮线存在一条明显的侵蚀陡坎，长约2.5 km，高0.3~0.5 m。

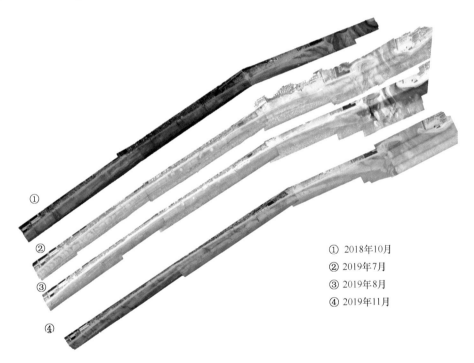

① 2018年10月
② 2019年7月
③ 2019年8月
④ 2019年11月

图4.75 东村河口西南侧滩面变化

东北侧海滩长度约5.3 km，整体也较为平直，略呈弧形，低潮时顶点处海滩宽度约140 m，向两侧海滩宽度相对变大，东村河口最大宽度约500 m。由海向陆依次为海水、潮间带和风成沙丘，其后为城市道路或酒店住宅区(图4.76)。该海滩发育高滩肩，陡斜的滩面和宽广的低潮阶地，可见大型滩角。较西南侧海滩而言，其潮间带较窄，一般在60~90 m，向陆侧发育宽缓的风成沙丘，沙丘西侧生长大片防风林，长约1.7 km，宽约500 m，其余部分防风林仅有30 m

左右。

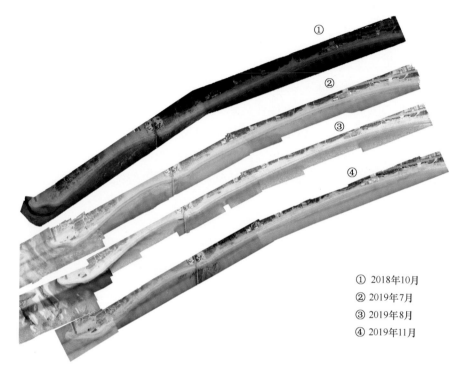

① 2018年10月
② 2019年7月
③ 2019年8月
④ 2019年11月

图 4.76　东村河口东北侧滩面变化

2018 年 10 月至 2019 年 7 月，监测区域海滩滩面基本保持稳定，滩面形态整体未发生大的改变，但东村河口西侧养殖池岸线冲蚀后退数米，西南侧养殖区部分受养殖排水影响，滩面冲沟形态有所变化。滩面形态变化主要发生在 2019 年 8 月之后，受台风"利奇马"过境影响，监测区域海滩形态变化相对加大，直接表现为草本线后退，以西南侧草本线后退最为明显，后退 2~5 m，东北侧防护林区域未发生改变，而滩面出现明显下蚀，2019 年 11 月滩面基本保持 8 月份的状态，同时东村河口部分受台风降水等作用，滩面形态变化较大较快。监测结果表明，无人机监测区海滩滩面正常条件下处于相对稳定的演变状态，侵蚀速率等相对平缓，但是其对台风具有明显的响应，表现为岸线后退和滩面下蚀。受季节性影响，监测区海滩在台风后基本进入了秋、冬季风浪的强作用期，导致监测区海滩的台风后形态恢复能力较弱。

2）剖面形态变化

为研究监测区海滩剖面形态变化，在研究区设置了 23 条海滩监测断面，整体以 2016 年 10 月历史监测断面为基础参考数据，通过对比分析 2018—2019 年的 4 次周期性监测数据之间的变化及其与基础参考数据之间的关系，掌握监测区海滩的侵蚀状况和发展趋势。为便于分析和研究，将监测区分为马河港岸段、东村河口西南侧岸段、东村河口东北侧岸段和海阳港至辛家港岸段共 4 部分(图 4.77)。

图 4.77　海滩监测断面分布

(1)马河港岸段滩面高程变化。

马河港岸段监测断面为 P30、P01 和 P02 剖面(图 4.78~图 4.80)。马河港南侧 P30 剖面临近丁字湾，2018—2019 年后滨沙丘持续后退约 8 m，且主要发生在 2018 年 5—10 月，潮间带以下蚀为主，且主要发生在高潮带上部，下蚀距离约 0.5 m，高潮带坡脚处淤积。该剖面呈现出上冲下淤而整体以侵蚀为主的演化态势。P01 剖面形态基本稳定，后滨略有淤积，滩肩形态更加明显，潮间带滩面有所冲蚀，高潮带坡脚处沟槽向海迁移，整体该剖面表现出弱侵蚀的态势。P02 剖面位于马河港北侧，前滨有逐年淤积的趋势，堆积速率约 0.4 m/a，潮间带滩面呈现冲淤共存，沟槽逐渐显现，水下沙坝形态越发明显且向岸不断迁移的演变状态。

监测结果表明，马河港岸段滩面南侧以侵蚀作用为主；河口两侧受河口影响，滩面稳定，后滨以弱淤积为主，但潮间带滩面呈现局部侵蚀的状态。整体而言，马河港岸段海滩仍呈现以侵蚀作用为主的状态。

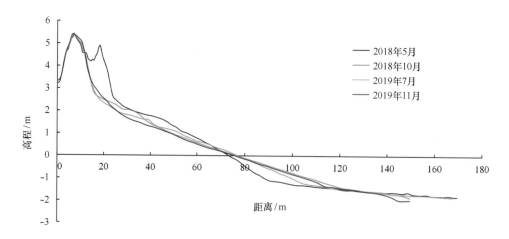

图 4.78　P30 剖面形态变化

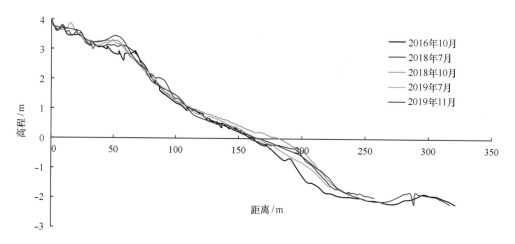

图 4.79　P01 剖面形态变化

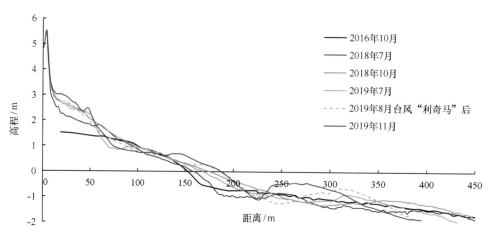

图 4.80　P02 剖面形态变化

(2)东村河口西南侧岸段滩面高程变化。

东村河口西南侧岸段自西向东布设 P03—P13 共 11 条监测断面(图 4.81~图 4.91)。

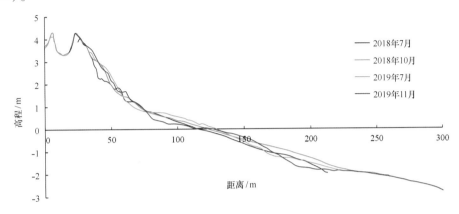

图 4.81　P03 剖面形态变化

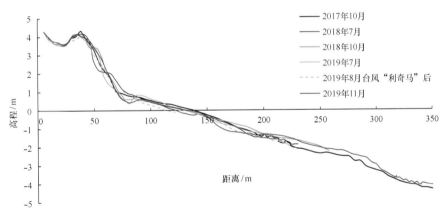

图 4.82　P04 剖面形态变化

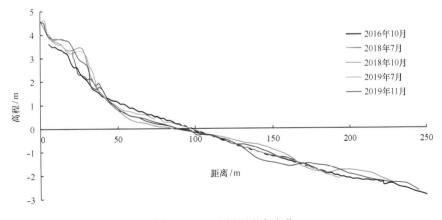

图 4.83　P05 剖面形态变化

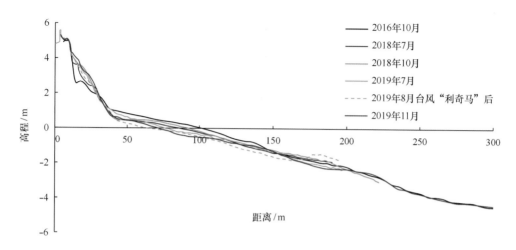

图 4.84　P06 剖面形态变化

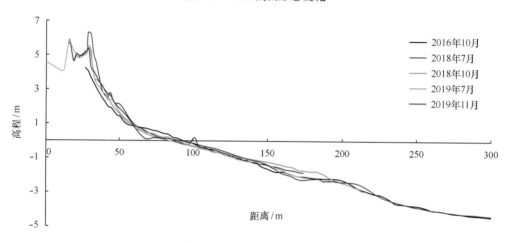

图 4.85　P07 剖面形态变化

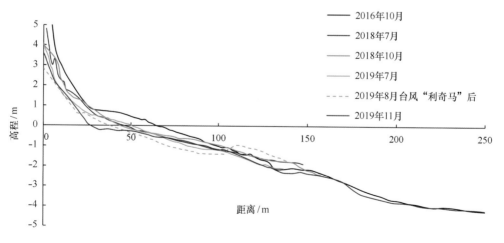

图 4.86　P08 剖面形态变化

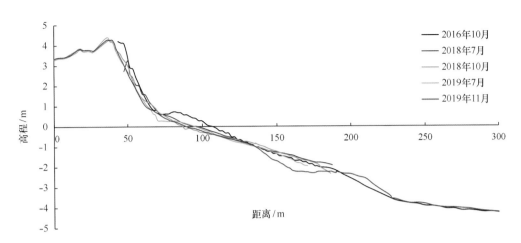

图 4.87　P09 剖面形态变化

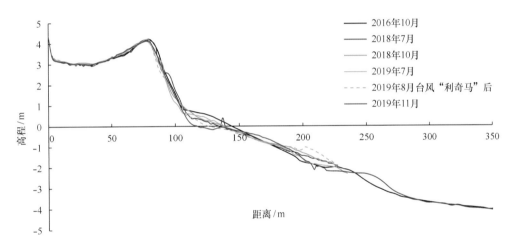

图 4.88　P10 剖面形态变化

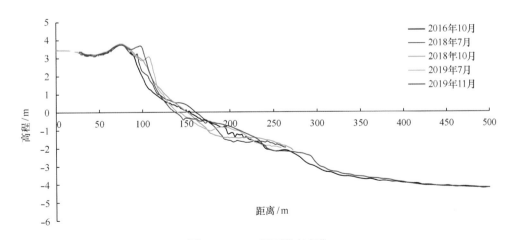

图 4.89　P11 剖面形态变化

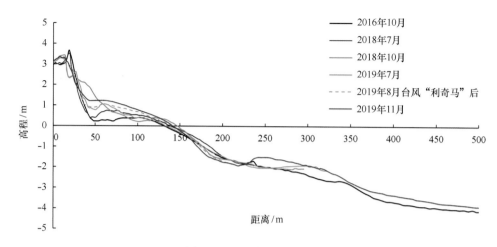

图 4.90　P12 剖面形态变化

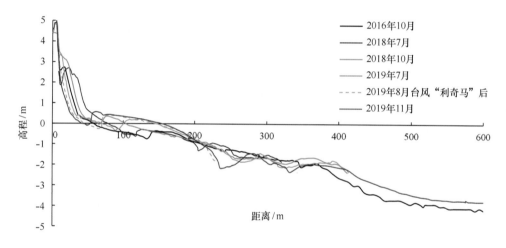

图 4.91　P13 剖面形态变化

P03 剖面后滨较为稳定，高潮带堆积而中潮带侵蚀并存，2019 年台风影响后潮间带形态变化较大，呈现出低缓沙坝的形态。

P04 剖面后滨相对稳定，潮间带冲淤并存以弱侵蚀为主，潮下带以淤积为主，淤积厚度约 0.2 m，淤积速率约 0.1 m/a。

P05 剖面后滨以淤积为主，2016 年 10 月至 2019 年 7 月岸线向海推进约 13 m，速率达到 4.3 m/a，但 2019 年 11 月受台风和养殖排水冲蚀影响岸线后退约 7 m，潮间带滩面高程呈季节性调整，但是以侵蚀为主，最大下蚀在高潮带坡脚处约 0.2 m，且整条剖面有向沙坝化发展的趋势。

P06 剖面以侵蚀为主，后滨有所堆积。侵蚀主要发生在潮间带和潮下带，最大下蚀发生在高潮带，下蚀约 0.6 m，潮下带下蚀约 0.2 m。

P07 剖面以侵蚀为主。2016—2018 年后滨至高潮带滩面以堆积为主，但 2018 年 7 月之后滩面整体以弱侵蚀为主，表现为后滨风成沙丘的崩塌滑落，其中最大侵蚀发生在低潮带，侵蚀约 0.5 m，潮下带下蚀约 0.1 m。

P08 剖面侵蚀较为强烈。2016—2019 年岸线后退约 9 m，速率达到 3 m/a，潮间带滩面下蚀约 0.7 m，速率约 0.2 m/a，潮下带下蚀约 0.2 m，速率约 0.07 m/a。

P09 剖面以侵蚀为主。2016—2019 年岸线后退约 6 m，后退速率约为 2 m/a，同时滩肩也遭受冲蚀，滩肩高度降低。整条剖面处于下蚀状态，潮间带下蚀速率约为 0.1 m/a，潮下带下蚀约 0.15 m，速率约为 0.05 m/a。特别是 2019 年 8 月台风后水下沟槽发育，冲蚀较为严重。

P10 剖面以侵蚀为主。滩肩后退约 1 m，滩肩高度降低约 0.1 m。高潮带坡脚持续冲刷下蚀约 0.6 m，2018—2019 年高潮带上部和下部基本处于上淤下冲的“跷跷板”状态，但台风后坡脚冲蚀堆积于高潮带中部，整体高潮带还是以侵蚀为主。潮下带则整体发生下蚀，下蚀约 0.18 m，速率约为 0.06 m/a。

P11 剖面淤积与冲蚀并存，以弱淤积为主。岸线向海堆积约 14 m，堆积速率约 4.7 m/a，但是 2019 年 8 月台风造成岸线后退约 4 m；而高潮带潮沟不断发育造成冲蚀堆积于滩面中下部，潮下带则以堆积为主，堆积厚度约 0.1 m。

P12 剖面以岸线后退但滩面堆积为主。后滨岸线后退约 2 m，速率约为 1 m/a。潮间带呈现两侧堆积中间侵蚀的状态，潮下带以堆积为主，堆积厚度为 0.25 m，堆积速率为 0.08 m/a。

P13 剖面与 P12 剖面类似，以岸线后退但滩面堆积为主。后滨岸线 2016—2018 年向外堆积，2018 年 7 月之后以后退为主，岸线后退约 27 m，速率约 13.5 m/a。潮间带呈现上淤下冲的状态，潮下带以堆积为主，堆积厚度为 0.3 m，堆积速率为 0.1 m/a。

监测结果表明，东村河口西南侧岸段整体以侵蚀为主，其中 P03—P05 区域表现为后滨堆积水下冲蚀，P06—P10 区域则以整体侵蚀为主；P11—P13 区域特别是东北侧区域以岸线后退水下堆积为主。因此，东村河口西南侧岸段侵蚀主要区域为中东部岸段潮间带及后滨。同时，岸线侵蚀呈现自西向东逐渐加剧的趋势，潮下带侵蚀也以中东部为主，而西侧基本稳定或弱淤积，东部受河口影响潮下带堆积较为明显。

（3）东村河口东北侧岸段滩面高程变化。

东村河口东北侧岸段自西向东布设 P15—P20 共 6 条监测断面（图 4.92～图 4.97）。

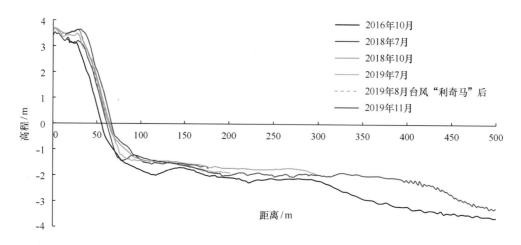

图 4.92　P15 剖面形态变化

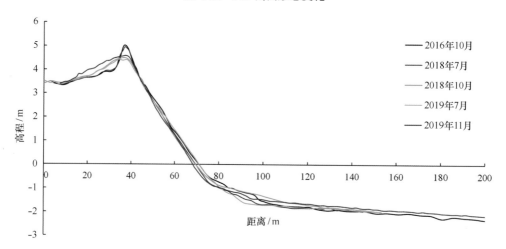

图 4.93　P16 剖面形态变化

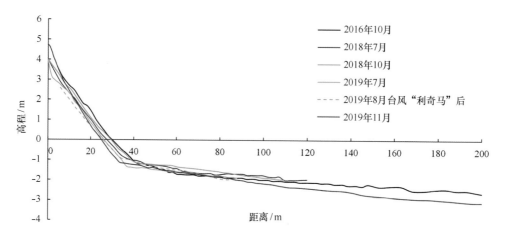

图 4.94　P17 剖面形态变化

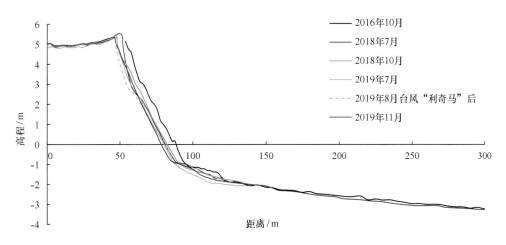

图 4.95 P18 剖面形态变化

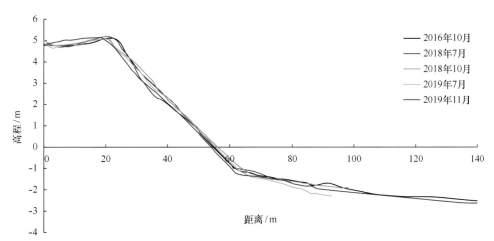

图 4.96 P19 剖面形态变化

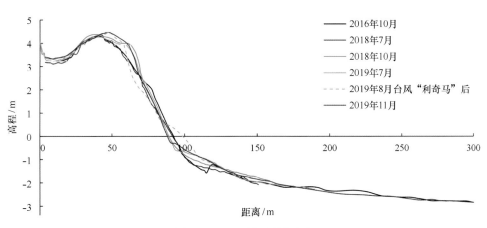

图 4.97 P20 剖面形态变化

P15 剖面以整体淤积为主。后滨和滩肩不断堆积增高约 0.5 m，岸线及高潮带滩面持续向海淤积约 11 m，推进速率约 3.7 m/a，潮间带和潮下带滩面淤积约 0.2 m，最大淤积量于潮间带与潮下带交界处，淤积厚度高达 1.2 m。

P16 剖面以两端淤积中部侵蚀为主。侵蚀主要发生在滩肩和高潮带，滩肩高度下降 0.3 m，高潮带滩面侵蚀约 0.3 m，侵蚀速率约 0.1 m/a；后滨堆积约 0.3 m，堆积速率约 0.1 m/a，中-低潮带和潮下带淤积约 0.4 m，淤积速率约 0.13 m/a。

P17 剖面以侵蚀为主，其中潮间带遭受侵蚀，潮下带有所淤积。潮间带下蚀 0.2~0.8 m，平均下蚀速率约 0.3 m/a；而潮下带淤积约 0.3 m，淤积速率约为 0.1 m/a。

P18 剖面以侵蚀为主。侵蚀主要发生在高-中潮带，其中岸线后退约 9 m，后退速率达到 3 m/a，滩面下蚀 1.2 m，下蚀速率约 0.4 m/a；后滨、低潮带和潮下带基本保持稳定。

P19 剖面整体以侵蚀为主。后滨基本保持稳定，2019 年台风后，后滨有所淤积。滩肩后退约 4 m，后退速率约为 2 m/a；滩面下蚀约 0.5 m，下蚀速率约 0.2 m/a。

P20 剖面侵蚀与淤积并存，呈现淤积态势。其中，后滨与中-低潮带保持稳定，2018 年 7 月后滩肩向海堆积约 8 m，滩肩高度增加 0.3 m，高潮带中部下蚀 0.2~0.3 m，下部堆积约 0.2 m，坡脚沟槽被填充。

监测结果表明，东村河口东北侧岸段整体仍以侵蚀为主。其中，以中部岸段及高潮带滩面侵蚀最为严重，而东村河口东侧侵蚀较弱且部分区域发生淤积，西部岸段受海阳港遮蔽影响侵蚀减弱。

(4)海阳港至辛家港岸段滩面高程变化。

海阳港至辛家港岸段自西向东布设 P21—P23 共 3 条监测断面(图 4.98~图 4.100)。

P21 剖面以严重侵蚀为主。2018—2019 年岸线后退达 13 m，滩面下蚀达 0.7 m，该剖面遭受持续的强烈侵蚀，后退速率约为 6.5 m/a。

P22 剖面以侵蚀为主。2018—2019 年岸线后退约 10 m，后退速率约为 5.0 m/a，滩面以下蚀为主，下蚀速率约 0.3 m/a。其中，2019 年 8 月台风后，后滨沙丘冲蚀严重，沉积物崩塌后被浪潮挟带堆积于中潮滩滩面使得滩面出现淤积(图 4.101)。

P23 剖面整体以侵蚀为主。侵蚀主要发生在高-中潮带，滩面下蚀约 0.5 m，下蚀速率约为 0.17 m/a，中-低潮带发生堆积约 0.2 m。

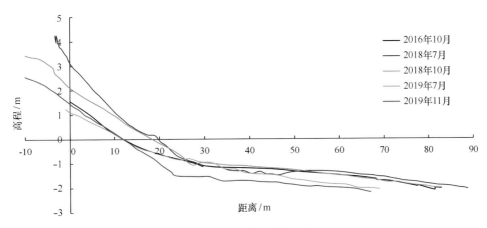

图 4.98　P21 剖面形态变化

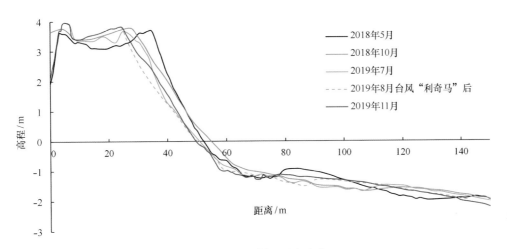

图 4.99　P22 剖面形态变化

监测结果表明，海阳港至辛家港岸段滩面以严重侵蚀为主。

3) 侵蚀量

不同季节海滩各部分冲淤变化不同，单点高程变化不能准确计算沙滩损失，而剖面的单宽体积变化(如单宽侵蚀量、单宽淤积量)则可计算剖面两侧一定范围的条带状海滩体积变化，因此，采用单宽侵蚀量来计算海阳沙滩的侵蚀量。通过计算可知，2018—2019 年海阳市监测区沙滩的总侵蚀量为 $24×10^4$ m^3，其中，马河港岸段、东村河口西南侧岸段、东村河口东北侧岸段和海阳港至辛家港岸段单宽体积变化分别为 $1.4×10^4$ m^3、$-8.6×10^4$ m^3、$-2.9×10^4$ m^3 和 $-13.9×10^4$ m^3(表 4.2)。马河港岸段虽总体表现出淤积的状态，但其南部丁字湾岸段侵蚀仍较为强烈；东村河口两侧 12.7 km 的岸段普遍遭受

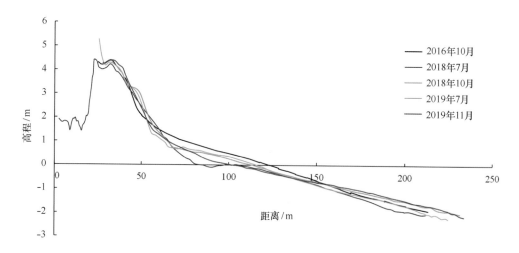

图 4.100　P23 剖面形态变化

图 4.101　P22 剖面侵蚀现状

侵蚀，仅东村河口两侧局部发生淤积；侵蚀最为强烈的为海阳港至辛家港岸段。此外，对比不同季节的单宽侵蚀量，主要侵蚀发生在 2018 年 10 月至 2019 年 7 月，此时海阳处于冬、春季，风浪作用强烈，侵蚀量较大，夏、秋季侵蚀量较小，监测结果表明海阳海滩具有"冬冲夏淤"季节性调整的特点，但整体处于侵蚀的状态(图 4.102)。

表 4.2　海阳海滩 2018—2019 年不同岸段侵蚀状况

岸段	名称	长度/km	剖面	季节性单宽侵蚀量/(m³·m⁻¹)			夏、冬季年度单宽侵蚀量/(m³·m⁻¹)		年平均单宽侵蚀量/(m³·m⁻¹·a⁻¹)	侵蚀量/(10⁴ m³)	总侵蚀量/(10⁴ m³)
				2018.07—2018.10	2018.10—2019.07	2019.07—2019.11	夏季剖面 2018.07—2019.07	冬季剖面 2018.10—2019.11			
①	马河港	6.0	P30	-4.5	-9.8	-2.4	-14.3	-12.2	-13.3		-24.0
			P01	17.3	-27.3	14.2	-10.0	-13.1	-11.6	1.4	
			P02	94.0	-38.7	47.3	55.3	8.6	32.0		
			P03	29.6	-11.6	-12.4	18.0	-24.0	-3.0		
			P04	15.7	-19.1	5.0	-3.4	-14.1	-8.8		
			P05	11.6	2.2	-10.8	13.8	-8.6	2.6		
②	东村河口西南侧	7.5	P06	18.3	-21.3	-12	-3.0	-33.3	-18.2		
			P07	-10.8	-11.4	4.1	-22.2	-7.3	-14.8		
			P08	8.4	-30.4	-18.9	-22	-49.3	-35.7	-8.6	
			P09	-7.7	-14.9	-11.6	-22.6	-26.5	-24.6		
			P10	3.5	-20.3	0.1	-16.8	-20.2	-18.5		
			P11	9.2	-3.4	9.1	5.8	5.7	5.8		
			P12	18.7	-12.5	38.8	6.2	26.3	16.3		
			P13	-2.5	-14.1	-24.7	-16.6	-38.8	-27.7		
			P15	31.7	-18	26.3	13.7	8.3	11.0		
			P16	12.4	-9.4	8.8	3.0	-0.6	1.2		
③	东村河口东北侧	5.2	P17	8.4	-31.8	4.3	-23.4	-27.5	-25.5	-2.9	
			P18	4.5	-32.3	13.9	-27.8	-18.4	-23.1		
			P19	7.0	-11.8	-1.7	-4.8	-13.5	-9.2		
			P20	25.9	-3.9	6.0	22.0	2.1	12.1		
④	海阳港—辛家港	10	P21	-6.7	-26.9	-11.7	-33.6	-38.6	-36.1	-13.9	
			P22	6.0	-19.5	1.8	-13.5	-17.7	-15.6		
			P23	35.3	-8.0	0.6	27.3	-7.4	10.0		

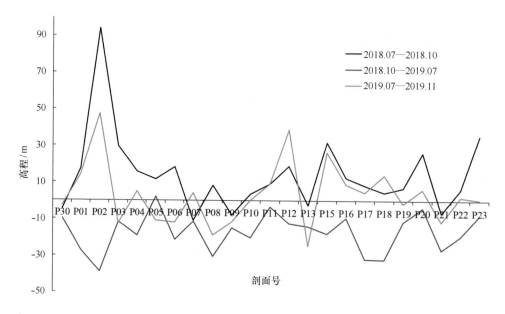

图 4.102 不同季节侵蚀强度

4) 沉积物粒度变化

2019 年 7 月、8 月（台风后）和 11 月进行监测剖面周期性测量的同时，进行表层沉积物采样工作，自西向东共计 22 条剖面，通过沉积物的粒度变化分析监测区海滩滩面沉积物变化情况（图 4.103~图 4.108）。

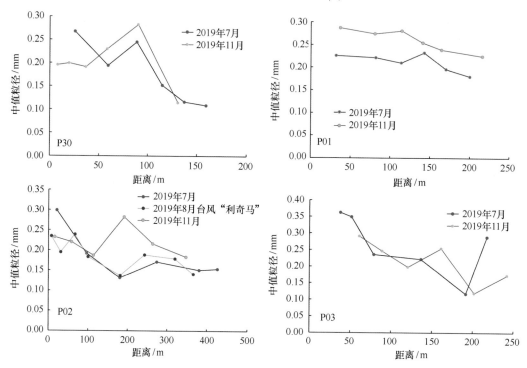

图 4.103 P30、P01—P03 剖面粒度变化特征

P30 剖面沉积物总体表现粗化的趋势。该剖面沉积物由陆向海逐渐变细，依次主要由粉砂质砂—砂质粉砂—粉砂构成，2019 年 7—11 月，滩面沉积物呈现变粗的趋势，其中，近岸由于风成沙丘崩塌细颗粒沉积物滑落造成沉积物变细。

P01 剖面沉积物整体粗化。该剖面沉积物粒度相对均一，由陆向海逐渐变细，7 月剖面依次为砂质粉砂—粉砂，11 月逐渐粗化为粉砂质砂—砂质粉砂。

P02 剖面沉积物表现出粗化的趋势。该剖面由陆向海逐渐变细，依次由粉砂质砂—砂质粉砂—粉砂构成，2019 年 8 月台风造成后滨沙丘崩塌细颗粒物质滑落造成近岸沉积物堆积变细，但高-中潮带沉积物表现变粗，11 月近岸滩面堆积物保持稳定，潮间带持续粗化。

P03 剖面整体较为稳定，略有粗化的趋势。该剖面沉积物呈现两端粗中间细的现象，由陆向海依次由砂—砂质粉砂—粉砂—粉砂质砂构成，11 月表现出中间粗化两端变细的趋势，沉积物基本保持稳定。

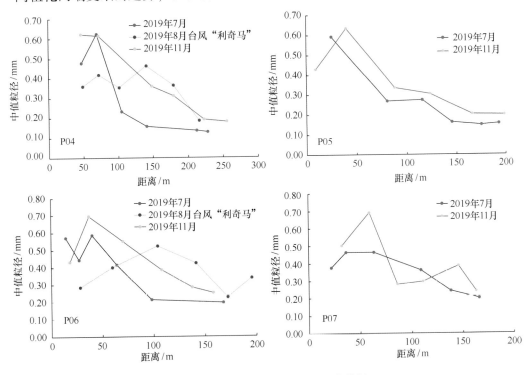

图 4.104　P04—P07 剖面粒度变化特征

P04 剖面以沉积物粗化为主。该剖面沉积物呈现由陆向海逐渐变细的趋势，依次由砂—粉砂质砂—粉砂构成。台风后除风成沙丘下部沉积物变细外，潮间带粗化较为明显，11 月风成沙丘下部沉积物恢复到原来的粗颗粒，潮间带则保持台风后粗化后的状态。

P05 剖面沉积物持续粗化。该剖面沉积物由陆向海变细，依次由砂—粉砂质砂—粉砂构成，11 月粗化为砂—粉砂质砂—砂质粉砂，而后滨沉积物细化。

P06 剖面沉积物表现为粗化的趋势。该剖面沉积物由陆向海变细，依次由砂—砂质粉砂构成，8 月台风后潮间带粗化严重，高潮带上部沉积物变细，11 月后潮间带沉积物细化而高潮带上部粗化至 7 月的状态。

P07 剖面整体表现为粗化趋势。沉积物由陆向海变细，依次由砂—粉砂质砂—砂质粉砂构成，11 月剖面两端粗化较为明显。

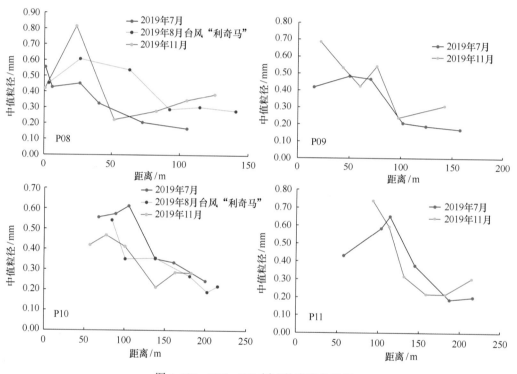

图 4.105　P08—P11 剖面粒度变化特征

P08 剖面以沉积物粗化为主。该剖面沉积物自陆向海逐渐变细，依次由砂—粉砂质砂—砂质粉砂—粉砂构成。台风后粗化为砂—粉砂质砂，11 月两端沉积物保持粗化而中间部分细化。

P09 剖面以沉积物粗化为主。沉积物自陆向海变细，依次由砂—砂质粉砂—粉砂构成，11 月粗化为砂—砂质粉砂—粉砂质砂。

P10 剖面以沉积物细化为主。该剖面沉积物自陆向海变细，依次由砂-砂质粉砂构成，台风后滩肩沉积物细化，其余部分基本保持稳定，而 11 月后滨至高潮带沉积物普遍发生细化，滩面沉积物以砂—砂质粉砂—粉砂质砂为主。

P11 剖面以沉积物细化和粗化并存为特点。沉积物自陆向海先变粗后变细，滩肩后的沉积物粒度明显大于潮间带，依次由砂—粉砂—粉砂质砂构成，11 月滩肩后和中潮带沉积物粗化，而滩肩和高潮带沉积物则以细化为主。

P12 剖面整体以沉积物细化为主。该剖面沉积物由陆向海逐渐变细，依次主要由砂—粉砂质砂—粉砂构成，台风后细化为砂—砂质粉砂—粉砂，11 月整体基本保持台风后状态，受潮沟发育影响潮间带部分区域出现粗化。

P13 剖面以沉积物细化为主。该剖面沉积物由陆向海逐渐变细，依次主要由砂—砂质粉砂构成，台风后细化为砂—粉砂质砂—砂质粉砂—粉砂为主，11 月保持台风后的状态，潮间带部分区域受潮沟冲刷粗化为砂。

P15 剖面以沉积物粗化为主。该剖面沉积物由陆向海逐渐变细，依次主要由砂—粉砂构成，台风后高潮带粗化严重，11 月较台风后有所细化，但整体仍以粗化为主，中-低潮带沉积物保持稳定。

P16 剖面以沉积物粗化为主。该剖面沉积物两端细中间粗，自陆向海依次由粉砂—砂—粉砂质砂构成，11 月粗化为砂—粉砂质砂。

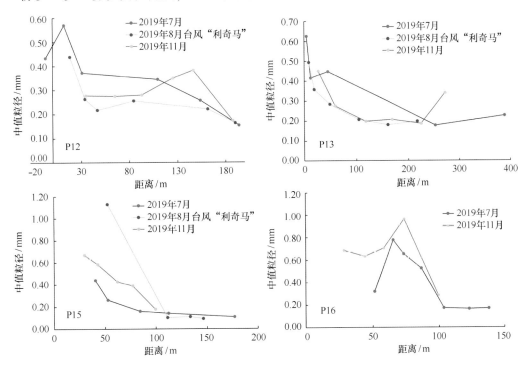

图 4.106 P12、P13、P15 和 P16 剖面粒度变化特征

P17 剖面沉积物基本保持稳定，但整体呈现粗化的趋势。该剖面沉积物以砂

为主，向海沉积物逐渐变粗。由于整体沉积物较粗，监测期滩面沉积物变化不大。

P18剖面沉积物保持稳定。沉积物以砂为主，同P17剖面类似，由于沉积物颗粒大，监测期沉积物基本保持稳定。

P19剖面基本保持稳定，同P17、P18剖面基本类似，由于沉积物颗粒大，监测期沉积物基本保持稳定，但3条剖面在高潮带坡脚处的沉积物均有粗化的趋势，说明台风后坡脚处的潮沟水动力条件加强。

P20剖面整体以沉积物粗化为主。沉积物由陆向海逐渐变细，依次由砂—砂质粉砂—砂构成，台风后沉积物略为粗化，但变化幅度较小，11月则表现为明显的粗化，滩面沉积物粗化后基本由砂—粉砂质砂构成。

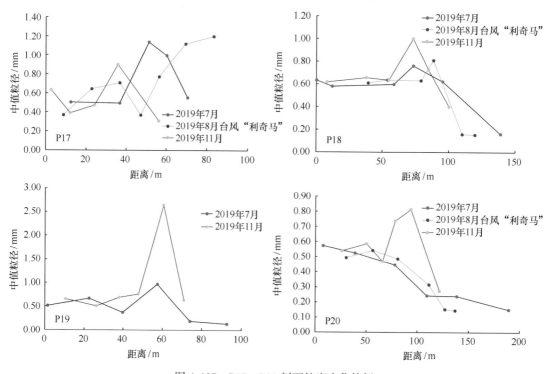

图4.107　P17—P20剖面粒度变化特征

P22剖面表现为粗化的趋势。滩面沉积物基本由砂和砂质粉砂构成，台风后滩面沉积物基本保持稳定，11月则在潮沟处出现明显的粗化现象。

P23剖面沉积物略有粗化的趋势。该剖面沉积物由陆向海逐渐变细，依次由粉砂质砂—砂质粉砂—粉砂构成，11月粗化为砂—砂质粉砂为主。

通过2018—2019年对海阳市海滩的监测数据分析和历史数据对比结果发现，海阳市海滩整体以遭受侵蚀为主，表现为部分岸段岸线后退、滩面下蚀和滩面

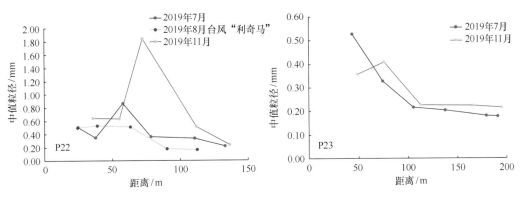

图 4.108　P22—P23 剖面粒度变化特征

沉积物粗化。常规水动力条件下，年侵蚀量约 24×10^4 m³（整体监测岸线长度 28.7 km）。其中，马河港至海阳港侵蚀岸段岸线后退速率为 1～3 m/a，海阳港—辛家港岸段侵蚀最为强烈，岸线后退速率可达 6.7～10.0 m/a。但是，监测区海滩侵蚀对极端天气表现出明显的响应规律，台风后岸线可后退十余米，仅 2019 年台风"利奇马"就造成了 2.43×10^4 m³的侵蚀量（台风期间监测岸线长度 10 km），其侵蚀强度约占年总侵蚀强度的 29.1%。

　　沉积物粒度监测结果表明，海阳监测区海滩滩面沉积物整体出现粗化的趋势，这与上述章节海滩以侵蚀为主的结论相互吻合。海阳沙滩基本发育后滨，部分区域发育风成沙丘和高滩肩。在潮水直接作用于后滨风成沙丘的区域，台风浪或大风浪导致风成沙丘崩塌塌落于滩面，因此造成风成沙丘下的部分滩面沉积物出现细化的趋势（如 P30 剖面）；高滩肩发育区，受高滩肩影响台风及其造成的冲越流挟带细颗粒沉积物堆积于滩肩后，造成该区域沉积物细化（如 P10 剖面）。同时，东村河口东侧沉积物以粗砂—砾砂为主，细颗粒沉积较少，使得滩面沉积物粒度基本保持稳定，但该区域高潮带坡脚潮沟发育，在台风浪等强水动力条件过境时潮沟处仍能出现沉积粗化的趋势（如 P19 剖面）。此外，东村河口西侧，受河口影响潮间带地形变化较为频繁，剖面高程出现淤积造成沉积物细化（如 P12 剖面）。

4.1.31　砂质海岸侵蚀现状

4.1.31.1　海岸特征

1）海岸地貌类型分类

根据所处区域的地质构造、地貌和现代海岸动力环境的不同，将山东半岛砂质海岸分为岬湾型、沙坝-潟湖型和夷直型3种类型(蔡锋等,2005)。岬湾型岸线比较曲折,沙滩两端分布有基岩,由于波浪的作用,沙滩呈现弧形,坡度较大,长度和宽度都比较小。沙坝-潟湖型海岸与岸线基本平行,沙滩长而直,平缓且宽广,且发育有沙丘。夷直型岸线比较平直,没有基岩和岬角,沙滩宽阔平坦,长度比较大,沉积物粒径比较细,没有明显的潟湖、沙嘴等地貌特征。

2)动力环境分类

山东半岛砂质海岸动力环境分类采用了浪潮作用指数和波浪-沉积物参数,分析砂质海岸的动力主控因素和对水动力的响应方式。

(1)浪潮作用指数:考虑波能和潮能的相对作用,引入了1个无量纲的浪潮作用指数来判别是哪个动力参数主导海岸动力过程(崔瑞金和夏东兴,1992;岳保静等,2017)。计算公式为

$$K = 2.5 \times \frac{H}{\bar{R}} \tag{4-1}$$

式中,H 为 $H_{1/10}$ 平均波高,$\bar{R}$ 为多年平均潮差,分别代表了波能和潮能的大小。当 K 值大于1时,以波浪作用为主;当 K 值小于1时,以潮汐作用为主;当 K 值接近1时,以过渡型为主。

(2)波浪-沉积物参数:波浪-沉积物参数(Dean 参数 Ω)可被用于划分砂质海岸动力地貌类型,其计算公式为(曹惠美等,2005)

$$\Omega = H_b/T\omega \tag{4-2}$$

式中,H_b 为破浪带波高;T 为波浪周期;ω 为沉积物沉降速率,沉降速率计算公式如下:

$$\omega = (Rg\,D_{50}^2)/[\,C_1\nu + (0.75\,C_2Rg\,D_{50}^3)^{0.5}] \tag{4-3}$$

式中,C_1 和 C_2 为常数,分别为18和1.0;D_{50} 为中值粒径,g 为重力加速度,R 为沉积物密度(根据石英密度计算),ν 为运动黏度($\nu = 1.00 \times 10^{-6}$ m²/s)。当 Ω 值小于2时,为反射型海滩;当 Ω 值在2~5范围内时,为过渡型海滩;当 Ω 值大于5时,为消散型海滩。

山东半岛砂质岸段长度一般在2~10 km范围内,平均长度约6 km,沙滩宽度一般介于50~200 m,平均宽度约110 m。其中,沙坝-潟湖型和夷直型海岸长度基本在5 km左右,且多发育风成沙丘,岬湾型岸段一般受岬角影响,长度多数小于2 km,风成沙丘不发育。对山东半岛典型沙滩通过地貌类型和计算沙滩动力状况情况对山东半岛典型沙滩进行分类(表4.3)。在29处典型沙滩中,按照砂质海岸地貌类型划分,夷直型、岬湾型和沙坝-潟湖型分别有8处、11处和

10 处, 占所有沙滩的比例分别为 28%、38% 和 34%; 按照浪潮作用指数, 浪控型和潮控型沙滩分别为 8 处和 21 处; 按照波浪–沉积物参数, 反射型、过渡型和消散型分别有 15 处、12 处和 2 处, 占所有沙滩的比例分别为 52%、41% 和 7%。其中, 北部烟台市岸线, 沙滩类型主要分为岬湾型、沙坝–潟湖型和夷直型等, 以反射型沙滩为主, 但西侧以浪控作用为主而北侧则以潮控作用为主。东部主要为威海市和海阳市岸线, 沙滩类型主要分为岬湾型、沙坝–潟湖型等类型, 以潮控的反射型沙滩为主。南部为青岛市和日照市岸线海滩类型包括岬湾型、夷直型和沙坝–潟湖型, 整体以潮控的过渡型沙滩为主, 其中, 青岛市以岬湾型海滩为主, 日照市则以夷直型为主。

4.1.31.2　侵蚀现状

根据中国《海岸带地质灾害调查技术规程》中所列海岸稳定性分级标准(表 4.3), 已公认为较为成熟的分级标准, 海岸侵蚀现状评价以此评价标准为据, 对各侵蚀评价因子进行侵蚀等级划分与评价研究。

表 4.3　海岸侵蚀稳定性分级标准

海岸状态	砂质海岸岸线变化速率 $r/(\mathrm{m} \cdot \mathrm{a}^{-1})$	岸滩高程变化速率 $s/(\mathrm{cm} \cdot \mathrm{a}^{-1})$
淤积	$r \geqslant +0.5$	$s \geqslant +1$
稳定	$-0.5 \leqslant r < +0.5$	$-1 \leqslant s < +1$
微侵蚀	$-0.5 \geqslant r > -1$	$-1 \geqslant s > -5$
侵蚀	$-1 \geqslant r > -2$	$-5 \geqslant s > -10$
强侵蚀	$-2 \geqslant r > -3$	$-10 \geqslant s > -15$
严重侵蚀	$r \leqslant -3$	$s \leqslant -15$

注: "+"表示淤积; "–"表示侵蚀。当某段岸线同时具有海岸线位置变化和岸滩蚀淤速率时, 采用就高不就低的原则。

经过岸线对比及海滩剖面监测发现, 在 42 个监测剖面中, 27 个剖面出现岸线后退的现象, 占比达 64.3%; 33 个剖面出现下蚀的趋势, 占比高达 78.6%; 25 个剖面表层沉积物出现变粗的现象, 占比达到 59.5%; 29 个典型岸段中的 27 个岸段出现侵蚀, 侵蚀比例高达 93.1%, 而按侵蚀等级划分, 达到严重侵蚀、强侵蚀和侵蚀的岸段分别为 6 个、3 个和 10 个, 微侵蚀和淤积岸段分别为 8 个和 2 个, 即需要引起重视的侵蚀岸段比例达到 65.5%。结果表明, 在十年尺度和年际尺度上, 山东半岛砂质海岸普遍遭受侵蚀, 平均后退速率约为 1.0 m/a,

滩面下蚀速率一般为 0.05~0.10 m/a，其中烟台、威海等北部岸段侵蚀严重，青岛、日照等南部岸段相对较弱。同时，山东半岛砂质海岸沉积物主要来自河流和海岸花岗岩风化产物，组分主要为粗砂和细砂，还有少量钙质贝壳碎片，表层沉积物普遍表现出粗化的趋势(表 4.4)。

从山东半岛的水动力环境来讲，半岛北部以风浪作用为主，特别是冬季风浪作用更为明显，潮差较小；南部夏季为以涌浪为主混合浪，冬季几乎全为风浪，潮差较北岸更大(张丽丽等，2023)。从动力环境分类来讲，反射型沙滩以风浪作用为主，滩面宽度小、坡度大，波浪能量直接作用于沙滩上部；消散型沙滩一般滩面宽度大、坡度相对较小，主要以涌浪作用为主，但经过宽阔的滩面消耗后，能量逐渐耗散，对沙滩上部的冲击相对较小；过渡型则介于两者之间。山东半岛的砂质海岸以反射型和过渡型沙滩为主，基本以最东端成山头为界，北部反射型沙滩较多，南部则以过渡型沙滩为主，沙滩动力特征类型分布与水动力环境基本一致。因此，浪潮作用指数 K 值和波浪–沉积物参数 Ω 值能够较好地反映出山东半岛砂质海岸的动力环境分类。

山东半岛的砂质海岸基本都出现了侵蚀的现象，整体以侵蚀和微侵蚀为主要特征，局部岸段出现严重侵蚀的现象(表 4.4)。按海岸地貌和动力环境分类来看，严重侵蚀和侵蚀等级的砂质岸线多数为浪控的反射型滩面，微侵蚀则多发生在潮控的反射型滩面，同时各类海岸地貌类型的滩面也均出现了侵蚀，但其不同类型对侵蚀强度的响应程度不明显。从砂质海岸侵蚀强度与动力参数的关系来看，岸线后退速率与滩面下蚀速率的趋势呈现明显的一致性，即岸线后退和滩面下蚀的现象在侵蚀岸段基本都会同时发生；侵蚀强度与浪潮作用指数 K 值变化之间也呈现较为明显的一致性，说明波浪作用越强的海域发生海岸侵蚀的可能性越大；波浪–沉积物参数 Ω 值与侵蚀强度的变化趋势之间存在一定的反向关系，主要是在同一岸段附近，能够呈现出 Ω 值增大侵蚀强度减小的趋势，但由于 Ω 值受多种因素的综合影响，两者关系在整个山东半岛特别是南部砂质岸线的相关趋势不是很明显。因此，山东半岛侵蚀强度受水动力环境影响，北侧岸段多呈现严重侵蚀和侵蚀等级，而南部岸段则多呈现微侵蚀的状态(图 4.109)。

表 4.4　山东半岛典型砂质海岸特征及侵蚀强度等级

砂滩号	砂滩名称	剖面号	岸线变化 /(m·a⁻¹)	高程变化 /(cm·a⁻¹)	粒度	地貌类型	长度 /km	宽度 /m	H /m	平均潮差 /m	D_{50} /mm	K	Ω	控制因素	动力特征	侵蚀强度
1	莱州市金沙滩	SD01	1.44	-8.2	变粗	沙坝-潟湖型	9.14	90	0.92	0.90	0.86	2.56	1.44	波浪	反射型	侵蚀
2	海北嘴—石虎嘴	SD02	-0.31	-40.0	变细	沙坝-潟湖型	7.04	35	0.92	0.90	0.63	2.56	1.82	波浪	反射型	严重侵蚀
		SD03	-1.14	-13.0	变细											
3	石虎嘴—屺姆岛	SD04	-0.21	-14.0	变粗	夹直型	17.3	50	0.92	0.90	0.45	2.56	2.45	波浪	过渡型	严重侵蚀
		SD05	-0.13	-16.0	变粗											
		SD06	0.56	-1.0	变粗											
4	栾家口—港栾	SD07	-1.70	-24.0	变粗	夹直型	14.47	60	0.80	1.06	0.58	1.89	1.87	波浪	反射型	严重侵蚀
		SD08	4.30	45.5	变粗											
		SD09	2.85	21.0	变粗											
5	蓬莱阁—八仙渡	SD10	1.45	-4.0	变粗	岬湾型	1.9	90	0.30	1.60	0.72	0.47	0.85	潮汐	反射型	微侵蚀
6	黄金河—柳林河	SD11	-1.95	-9.0	不变	夹直型	2.5	106	0.30	1.60	0.39	0.47	1.46	潮汐	反射型	侵蚀
7	柳林河—夹河	SD12	-0.25	-2.0	变粗	夹直型	8.56	200	0.30	1.60	0.26	0.47	2.31	潮汐	过渡型	微侵蚀
		SD13	-0.08	1.0	变粗											
8	夹河东	SD14	0.22	-2.0	变细	夹直型	4.5	100	0.30	1.60	0.31	0.47	1.87	潮汐	反射型	微侵蚀
		SD15	-0.36	-2.0	变细											
9	玉岱山—逛荡河	SD16	0	-6.0	变粗	岬湾型	2.97	60	0.30	1.60	0.51	0.47	1.13	潮汐	反射型	侵蚀

续表

沙滩号	沙滩名称	剖面号	岸线变化 /(m·a⁻¹)	高程变化 /(cm·a⁻¹)	粒度	地貌类型	长度 /km	宽度 /m	H /m	平均潮差 /m	D_{50} /mm	K	Ω	控制因素	动力特征	侵蚀强度
10	延荡河—马山寨	SD17	-0.56	-9.0	变粗	岬湾型	4.0	70	0.30	1.60	0.25	0.47	2.43	潮汐	过渡型	侵蚀
		SD18	-0.27	6.0	不变											
11	金山港西	SD19	0.90	-6.0	变细	沙坝-潟湖型	9.3	100	0.90	1.66	0.31	1.36	5.84	波浪	消散型	侵蚀
12	金山港东	SD20	-1.50	-30.0	变粗	沙坝-潟湖型	17.62	120	0.90	1.66	0.30	1.36	6.06	波浪	消散型	严重侵蚀
		SD21	0.30	9.0	变细											
		SD22	0.80	-20.0	变粗											
13	国际海水浴场	SD23	-1.20	-9.0	变粗	岬湾型	2.15	83	0.40	1.66	0.62	0.60	0.68	潮汐	反射型	侵蚀
14	半月湾	SD24	0.30	5.5	变细	岬湾型	0.70	36	0.40	1.35	0.58	0.74	0.72	潮汐	反射型	淤积
15	纹石宝滩	SD25	-0.80	-80.0	变细	沙坝-潟湖型	5.81	52	0.40	0.75	0.52	1.33	1.34	波浪	反射型	严重侵蚀
16	天鹅湖	SD26	-1.0	-13	变粗	沙坝-潟湖型	4.86	42	0.40	0.75	0.49	1.33	1.41	波浪	反射型	强侵蚀
17	荣成滨海公园	SD27	-0.34	-10.0	变粗	沙坝-潟湖型	6.5	78	0.20	1.1	0.78	0.45	0.22	潮汐	反射型	强侵蚀
18	乳山银滩	SD28	0.8	14.0	变粗	沙坝-潟湖型	8.9	100	0.70	2.44	0.34	0.72	2.96	潮汐	过渡型	淤积
19	海阳万米沙滩	SD29	-2.63	-22.0	变细	沙坝-潟湖型	4.5	93	0.70	2.58	0.47	0.68	2.13	潮汐	过渡型	严重侵蚀
20	石老人海水浴场	SD30	-1.1	-8.0	变细	岬湾型	2.15	210	0.70	2.80	0.21	0.63	4.50	潮汐	过渡型	侵蚀
21	第三海水浴场	SD31	0.0	-2.0	不变	岬湾型	0.96	164	0.70	2.80	0.23	0.63	3.87	潮汐	过渡型	微侵蚀
22	第一海水浴场	SD32	-0.9	-3.0	变粗	岬湾型	0.85	240	0.70	2.80	0.29	0.63	2.90	潮汐	过渡型	微侵蚀

续表

沙滩号	沙滩名称	剖面号	岸线变化 /(m·a⁻¹)	高程变化 /(cm·a⁻¹)	粒度	地貌类型	长度 /km	宽度 /m	H /m	平均潮差 /m	D_{50} /mm	K	Ω	控制因素	动力特征	侵蚀强度
23	第六海水浴场	SD33	-0.16	-4.0	变粗	岬湾型	0.26	90	0.70	2.80	0.73	0.63	1.21	潮汐	反射型	微侵蚀
24	金沙滩	SD34	-1.5	-5.0	变粗	岬湾型	2.80	200	0.20	2.80	0.25	0.18	2.57	潮汐	过渡型	侵蚀
		SD35	-1.5	-8.0	变粗											
25	银沙滩	SD36	1.0	-3.0	不变	夹直型	1.80	170	0.20	2.80	0.24	0.18	2.71	潮汐	过渡型	微侵蚀
26	灵山湾	SD37	-0.9	-7.0	变粗	岬湾型	9.6	110	0.20	2.80	0.34	0.18	1.79	潮汐	反射型	侵蚀
27	海滨国家森林公园	SD38	-2.42	-6.0	变粗	夹直型	5.15	200	0.60	3.01	0.25	0.50	3.45	潮汐	过渡型	强侵蚀
		SD39	-0.40	-2.0	变粗											
28	万平口	SD40	-0.30	3.0	变细	沙坝-潟湖型	6.35	87	0.60	3.01	0.55	0.50	1.51	潮汐	反射型	微侵蚀
		SD41	1.10	4.0	变粗											
29	涛雒镇	SD42	-1.50	-7.5	变细	夹直型	2.5	225	0.60	3.01	0.33	0.50	2.48	潮汐	过渡型	侵蚀

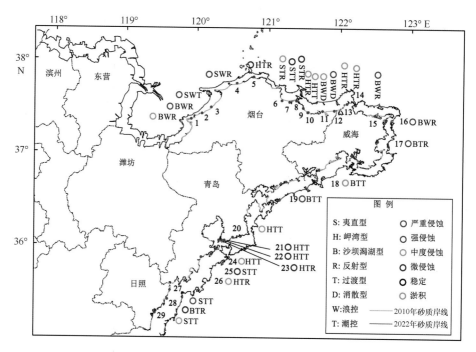

图 4.109　山东半岛砂质海岸侵蚀特征

4.2　典型粉砂淤泥质海岸

4.2.1　黄河三角洲

由于黄河含沙量高，年输沙量大，自 1855 年黄河在河南铜瓦厢决口夺大清河河道由山东注入渤海以来，巨量的泥沙输送至河口附近大量淤积，同时渤海水深较浅，河道不断向海延伸，不断抬高河口侵蚀基准面，河床逐年上升，河道比降变缓。当河道不能适应泄洪排沙的功能后，水流将冲破自然堤或人工堤的约束，通过三角洲低洼地寻找新的路径入海，导致黄河尾闾的摆动。自 1855 年铜瓦厢决口改道以来，黄河共发生 11 次较大的尾闾摆动，形成了 8 个亚三角洲（Fan et al.，2006），平均每个叶瓣活动期为 16 a，与密西西比河三角洲叶瓣 115~175 a 周期（Wells and Coleman，1987）相比，其活动期是相当短的。河道改道范围西起徒骇河，南至南旺河，改道顶点在宁海附近。1953 年人工控制缩小了三角洲改道摆动范围，改道顶点下移至渔洼附近，西起套尔河，南达淄脉沟。

现代黄河三角洲地区自晚更新世中期以来经历了两次海侵过程，分别是献县海侵与黄骅海侵，30 m 以浅地层自下向上发育了献县海侵第二海相层、第二陆相层、黄骅海侵第一海相层和与现代黄河三角洲第一陆相层。通过钻孔与浅地层剖面分析发现，刁口叶瓣基底南北呈阶梯状，向陆侧为平坦的海底，水深在 5 m 左右，向海水深逐渐加大至 18 m 处，受神仙沟流路水下三角洲影响，刁口叶瓣基底呈现东南高西北低的趋势。刁口叶瓣上覆在神仙沟早期叶瓣之上，演化过程分为 4 个阶段：漫流阶段、归股阶段、摆动阶段和废弃阶段，其中心沉积厚度为 13 m 左右，平均沉积速率为 1.1 m/a，最大沉积速率为 4.0 m/a，三角洲前缘水深介于 3~12 m，坡度较大，为 3‰~5‰，坡脚外坡度变缓至 0.5‰左右。现代黄河三角洲的发育形态受海洋动力条件及三角洲边界条件的共同控制，形成了黄河三角洲叶瓣的特殊形态。由于黄河三角洲具有"夏淤冬冲"的季节性特征和三角洲地层结构的不同，三角洲废弃后的差异性侵蚀十分明显。

黄河三角洲的沉积模式主要是由黄河特殊的泥沙条件和受水盆地的海洋动力条件共同决定的，黄河与渤海陆海交互作用的主要动力因素包括：①黄河水体入海后的射流；②黄河高沙水体入海后的高密度流；③垂直或斜交径流方向的潮流；④河口两侧余流形成的环流；⑤流场切变锋；⑥寒潮大风引起的波浪作用等。这些动力因素相互作用，共同控制入海泥沙的分选、搬运和沉积（成国栋，1991），在不同的位置沉积了各不相同的沉积序列，现代黄河三角洲的沉积模式可以概括为"一个长嘴，两片烂泥；相互叠覆，结构复杂"，形成了黄河三角洲独特的沉积模式。

现代黄河三角洲基本符合进积型三角洲自下向上粒度逐渐变大的三元结构，主体呈现海退沉积序列，但是在三角洲边缘地带出现了正粒序的沉积现象；其沉积模式在垂向上分为河口坝型和三角洲侧缘型，纵向上分为主河道型和分流河道型，在横剖面上表现为河口沙坝与三角洲侧缘相互叠覆，河口坝相间出现。通过对现代黄河三角洲沉积相分析发现，以河道沉积为骨架，边滩、漫滩沉积大量发育，伴生泛滥平原和天然堤等亚相共同组成了广袤的黄河三角洲平原；以河口沙坝为骨架，与远端坝及两侧伴生的三角洲侧缘沉积共同构成了三角洲前缘沉积相。现代黄河三角洲平原沉积作用以河流沉积作用为主，三角洲前缘是河海相互作用最为激烈的区域，受黄河泥沙条件与渤海海洋动力条件的共同控制，而前三角洲沉积以细颗粒沉积物为主，但经常受到高密度流体的影响。

黄河三角洲水下三角洲区地层为海退地层层序。从垂向上看，总体呈现由下向上沉积物粒径变大。基底为 1855 年前的浅海相灰黑色细颗粒沉积物，河道延伸导致三角洲沉积不断向海推进，自下而上依次沉积了由黏土质粉砂为主组成的前三角洲相、含水量较高的粉砂快速堆积而成的三角洲前缘相，上覆由河流作用为主沉积的粉砂和少量极细砂而构成的三角洲陆上平原相。三角洲堆积体呈楔状向海伸展，各套地层向海变薄尖灭，这是河口三角洲的一般沉积模式。对于黄河水下三角洲而言，其具有一定的特殊性。

第一，现代黄河三角洲特有的沉积模式是在河口沙坝两侧发育了三角洲侧缘沉积，黄河入海区水深较浅，在快速进积的河口沙嘴两侧，形成环流淤积区，大量的细颗粒物质由潮流、余流等搬运至河口沙坝两侧沉积，形成了黄河沙坝两侧的"烂泥湾"。因此，"一个长嘴，两片烂泥"的形态构成了黄河三角洲独特的沉积模式，而正是这样的沉积模式导致本应以较致密粉砂构成的水下三角洲平原存在大片的软弱层。

第二，现代黄河三角洲具有极高的堆积速度：黄河泥沙含量极大，特别是洪水期间，大量的泥沙快速堆积造成岸线向海快速推进，如刁口流路1969年汛期一次行水就使岸线向海推进达7 km，刁口叶瓣平均沉积速度达到1~2 m/a，最高沉积速率更是达到4 m/a，这样的高沉积速率导致沉积物结构比较松散，含水率大，本就不稳定的水下三角洲地层因含水率的加大而变得严重不稳定，因此，在坡度相对较大的三角洲前缘斜坡上滑塌、滑坡和碎屑流时有发生。

第三，黄河入海河道频繁改道带来的影响：①河道摆动，河口沙坝和三角洲侧缘交替出现，使三角洲顶部出现粉砂"硬地层"与侧缘"软地层"相互叠覆的地层组合而降低了地层强度；此外，每个分流河道均堆积了自己的三角洲叶瓣体，三角洲侧缘广泛发育使得软弱层大量出现，河口坝粉砂体与"烂泥湾"多次交叠出现，进一步加大了三角洲地层的不稳定；②河道摆走后，早期的三角洲叶瓣受到强烈的冲蚀，水深加大岸线后退，海底沉积物受到淘洗被再悬浮搬运沉积，细颗粒物质被带走，粗颗粒物质则保留下来形成了水下三角洲致密的"铁板沙"。铁板沙厚度可达4 m左右，其下覆地层仍是三角洲侧缘形成的含水率较高的软弱层，受挤压扰动后极易发生变形，使得滑坡、塌陷等不稳定现象更易出现。

根据黄河水下三角洲海底地形资料分析，由陆向海海底水深呈现"三段式"增大的趋势：第一段：水深0~4 m，该区海底地形相对平坦，海底坡降在0.9‰，为原黄河水下三角洲顶部平原地貌单元。第二段：水深4~14.5 m区域，坡降为1‰~2‰，是原水下三角洲海底坡降最大区段，属于黄河水下三角洲前缘斜坡的上部。在三角洲建设期，前缘斜坡的坡降可达4‰，三角洲蚀退后，斜坡的坡度有所减缓。第三段：水深大于14.5 m区域，坡降为万分之四左右，是原前三角洲沉积和浅海环境，海底坡降最小。三角洲蚀退后，该区水深基本稳定，但位置逐渐向海岸方向扩展。

1976 年后黄河改走清水沟流路，泥沙供应断绝，刁口叶瓣废弃。废弃后的三角洲前缘突出于海岸，处于动力不平衡阶段，渤海盛行 NE 向浪且寒潮大风影响严重，在潮流、波浪等作用之下，岸线发生后退（Wang，2019）。刁口叶瓣废弃初期侵蚀速率较快，岸线后退速率可达 300 m/a，近岸处被侵蚀的沉积物除被沿岸流侧向搬运外，其余被带至深水区沉积，使得原三角洲前缘坡度变小，由建设期的 3‰~5‰ 降低至 1‰ 左右。"蚀高填低，蚀凸填凹"的自然动力作用使得 1980 年后岸线趋于平缓。由于并没达到此处水动力的侵蚀极限，岸线后退仍在发生，只是侵蚀速率减小。到 1985 年的时候，岸线趋于平直，各处岸线侵蚀渐趋等量。1986 年海岸大坝兴建后，有坝区阻挡了海岸的进一步侵蚀，而无坝区因缺乏泥沙来源而侵蚀加剧，造成西部裸露潮滩区岸线急剧后退。目前来看，黄河三角洲现行河口附近仍以淤进为主，受堤坝保护的岸段的大坝坡脚持续遭受冲刷形成沿坝冲刷带，刁口河附近仍处于侵蚀状态，但在水沙达到新的平衡后侵蚀速率降低，岸线会保持相对稳定状态（李安龙，2004；马妍妍，2008）。

2020 年，黄河三角洲岸线总长度为 360.19 km，其中人工岸线长 218.15 km，粉砂淤泥质岸线 142.04 km。相对于 2007 年岸线分布情况，2020 年岸线总长度减小 11.83 km，其中自然岸线长度减小 6.2 km，人工岸线长度减小 5.63 km（图 4.110）。陆域面积净增 125.23 km²，其中向海推进面积 125.86 km²，蚀退面积 0.63 km²，向海推进速率为 10.44 km²/a（图 4.111）。2007—2020 年黄河三角洲岸线年均变化速率为 20.56 m/a。其中，刁口河西侧为人工岸线，海岸线年变化率为 31.50 m/a；刁口河东侧岸线为粉砂淤泥质岸线，是黄河三角洲岸线后退的主要区域，年变化速率为 −80.86 m/a；东营港向南至孤东海堤为人工岸段，变化速率为 11.90 m/a；受黄河入海泥沙堆积作用影响，黄河口湿地公园两侧的粉砂淤泥质岸线持续向海推进，年变化率 89.76 m/a；清水沟以南至淄脉河岸段为人工岸线，年变化率为 0.05 m/a，岸线保持稳定。

4.2.2 莱州湾南岸

2020 年，莱州湾南岸大陆岸线总长度 258.11 km，其中人工岸线长 210.97 km，基岩岸线长 0.68 km，砂质岸线 46.46 km（图 4.112）。相对于 2007 年岸线分布情况，2020 年莱州湾岸线总长度增加 17.82 km，其中自然岸线减少 13.86 km，人工岸线增加 31.68 km。2007—2020 年陆域面积净增 24.01 km²，向海推进速率为 2.00 km²/a（图 4.113）。

2007—2020 年莱州湾南岸岸线年均变化速率为 11.17 m/a，岸线变迁主要

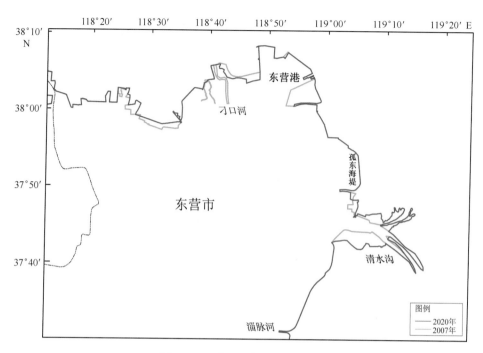

图4.110　黄河三角洲岸线变化

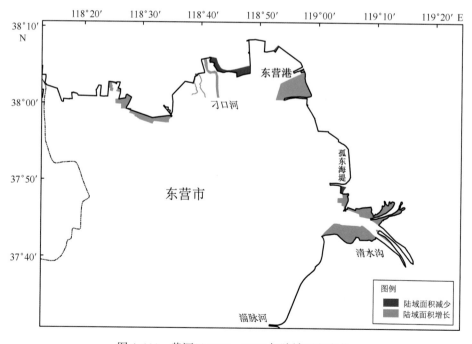

图4.111　黄河口2007—2020年陆域面积变化

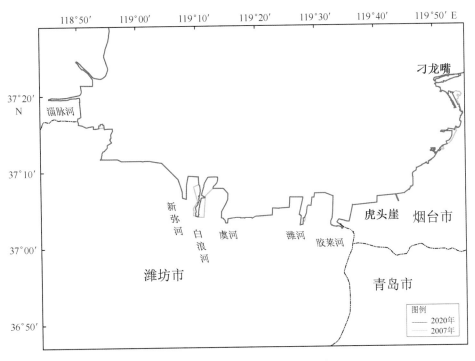

图 4.112　莱州湾南岸两期岸线分布

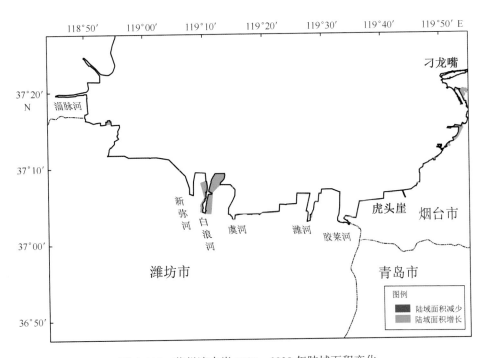

图 4.113　莱州湾南岸 2007—2020 年陆域面积变化

受人工围填海和港口码头建设影响。其中，淄脉河至新弥河为人工岸线，年变化率为 1.69 m/a；新弥河至虞河以人工岸线为主，岸线向海推进，年变化速率为 42.30 m/a；虞河至虎头崖村段为人工岸线，基本保持稳定；虎头崖至刁龙嘴岸段以砂质岸线为主，岸线年变化速率为 12.54 m/a。莱州湾岸线变迁明显区域位于潍坊港，以向海推进为特征；莱州湾东侧的砂质岸段发生侵蚀，年变化速率为-1.14 m/a。

4.2.3 胶州湾沿岸

2020 年，胶州湾大陆岸线总长度为 217.80 km，其中人工岸线长 168.83 km，粉砂淤泥质岸线 30.51 km，基岩岸线长 14.11 km，砂质岸线 4.35 km。相对于 2007 年岸线分布情况（图 4.114），2020 年胶州湾岸线总长度增加 8.79 km，其中自然岸线长度减小 29.4 km，人工岸线长度增加 38.19 km。陆域面积净增 159.74 km^2（图 4.115），向海面积推进速率为 12.29 km^2/a。

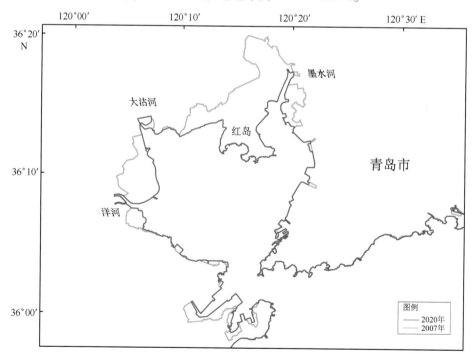

图 4.114　胶州湾两期岸线分布

2007—2020 年胶州湾海岸年均变化速率为 56.42 m/a，岸线整体向海推进。其中，胶州湾东侧（八大峡至墨水河口）为人工岸线，海岸线年变化率为 6.51 m/a；胶州湾北侧（墨水河至洋河）岸线以人工岸线为主，粉砂淤泥质岸线

分布在河口两侧，基岩岸线分布在红岛靠海一测，岸线年变化速率为
112.05 m/a；胶州湾西南侧以人工岸段为主，岸线年变化速率为 36.75 m/a。

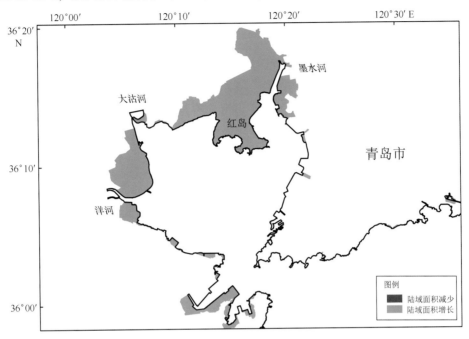

图 4.115　胶州湾 2007—2020 年陆域面积变化

目前，胶州湾的东西两岸大部分岸段已经被人工码头代替，胶州湾西北部
的大部分自然潮滩岸线现已被养殖区和盐田取代。胶州湾东岸的大规模填海造
陆活动、红岛成为陆连岛以及黄岛前湾和海西湾围海造地等活动修筑的人工岸
线，使得胶州湾岸线持续向海推进，不仅改变了自然岸线的属性，也使得海岸
线逐渐固化。

4.3　基岩海岸

基岩海岸主要分布在山东半岛东部和南部的岬角、港湾海岸（图 4.116）。其
中，在烟台市蓬莱至套子湾西侧岸段、芝罘岛岸段、威海市环翠区北侧小石岛
至南山嘴岸段、荣成东侧岸段、乳山古龙嘴至草岛嘴、青岛市崂山区与市南区
岸段、薛家岛至董家口岸段等有大面积分布。另外，在龙口市屺坶岛、日照市
任家台等岸段处有零星基岩岸滩分布。由花岗岩等组成的基岩岸滩，由于岩石
强度较大，滩面发育较起伏，多海蚀柱等地貌体分布；由变质岩等组成的基岩
岸滩，岩石强度较小，滩面岩石较易受到波浪等侵蚀，滩面发育较宽，且相对

平坦，多为海蚀平台。基岩海岸除湾内岸线相对稳定或略有淤积外，开敞性的海岸仍会遭受不同程度的侵蚀，如 2022 年 10 月 3 日，青岛市著名地标性景观"石老人"海蚀柱在遭受长年的侵蚀后坍塌(图 4.117)。

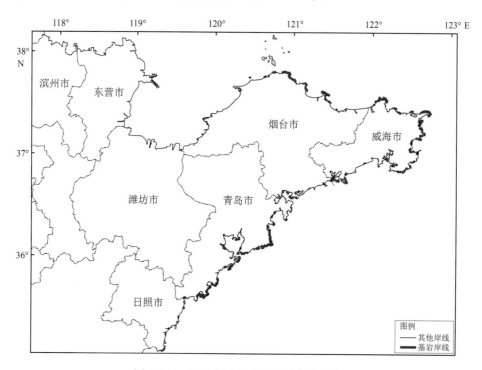

图 4.116　2020 年山东半岛基岩岸线分布

图 4.117　青岛市石老人海蚀柱坍塌前后对比

(左：周航 摄；右：刘杰 摄)

基岩海岸虽较为稳定，但是其良好的地质和水深条件往往成为海岸工程的优选场址。山东半岛基岩海岸岸线长度由 2007 年的 888.54 km 减小至 2020 年的 323.47 km，长度减小 565.07 km，平均减小速率高达 43.47 km/a。对比两期数据可见，由于港口码头、防护堤以及围填海工程建设等，大量的基岩岸线转变为人工岸线(图 4.118)；而保持自然状态的基岩岸段，由于基岩海岸抗蚀性能力较强，短期内岸线保持稳定状态。

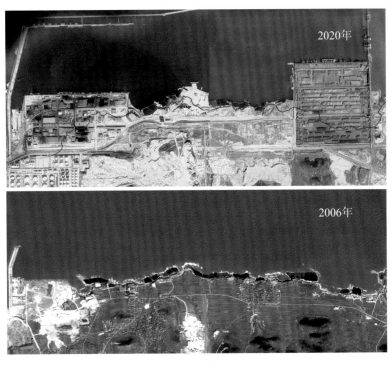

图 4.118　烟台西港基岩岸线转变为人工岸线

4.4　海岸侵蚀现状

　　基于山东半岛海岸线变迁速率、砂质海岸岸滩下蚀速率和近岸冲淤年均净变化速率 3 组数据，重点结合山东半岛海岸带演变历史调查分析数据，在海岸侵蚀稳定性分级标准的基础上，综合考虑各岸段实际状况，将山东半岛沿岸划分为 57 个典型岸段，对其海岸侵蚀现状进行划分，具体如表 4.5 所示。数据分析结果显示，在山东半岛的 57 个典型岸段中，侵蚀岸段 32 段，占比 56.14%；淤积岸段 6 段，占比 10.53%，稳定岸段 19 段，占比 33.33%。侵蚀岸线长度 1265.21 km，占比 38.22%；淤积岸线 377.55 km，占比 11.41%，稳定岸线 1667.42 km，占比 50.37%。典型岸段侵蚀状况如表 4.6 所示。整体而言，山东半岛整体以侵蚀为主(图 4.119)。其中,侵蚀强度较大的区域主要位于东营市北部、莱州湾东部以及靖海湾东部岸段,最大侵蚀发生在飞雁滩,岸线蚀退速率达 79.78 m/a。同时,大部分砂质岸段处于侵蚀状态,特别是平直的砂质海岸,如烟台石虎嘴—屺坶岛、港栾—栾家口角、威海逍遥河—王家村、五渚河公园、青龙岛—楮岛村、乳山白沙口,黄岛金沙滩—银沙滩,日照万平口等岸段;粉砂淤泥质岸段以侵蚀为主,特别是北部的开敞性淤泥质海岸,速率较大,如漳卫新河—潮河、飞雁滩、东营港等岸段;基岩岸段和人工岸段的岸线保持稳定,但是由于山东半岛沿海开发强度较大,虽然由于人工围填等原因导致岸线向海扩张,但水下部分仍以侵蚀为主,如烟台西港、威海港、薛家岛等岸段。

表 4.5　山东半岛海岸侵蚀现状及发展趋势

状态	岸线长度/km	占岸线总长比例	岸段数/个	占岸段总数比例
侵蚀	1265.21	38.22%	32	56.14%
淤积	377.55	11.41%	6	10.53%
稳定	1667.42	50.37%	19	33.33%
合计	3310.18	100%	57	100%

表 4.6　山东半岛典型岸段海岸侵蚀现状

序号	地区	岸段	侵蚀强度	侵蚀年度	备注
1	滨州	漳卫新河—潮河	侵蚀	2007—2019 年	人工岸段为主(结合历史资料)
2	东营	丁家村—十六户屋子	强侵蚀	2007—2019 年	人工岸段为主(结合历史资料)
3	东营	刁口河(飞雁滩)	严重侵蚀	2007—2019 年	粉砂淤泥质岸段
4	东营	东营港邻近	强侵蚀	2007—2019 年	人工岸线,粉砂淤泥质滩
5	东营	清水沟(现行河口)	淤积	2007—2019 年	粉砂淤泥质岸段
6	东营	现行河口—淄脉河	稳定	2007—2019 年	人工岸段为主
7	潍坊	淄脉河—胶莱河	微侵蚀	2005—2019 年	人工岸线,粉砂淤泥质岸
8	烟台	胶莱河—刁龙嘴	侵蚀	2005—2019 年	人工岸线,砂质海岸
9	莱州	金沙滩	侵蚀	2010—2019 年	砂质海岸
10	莱州	海北嘴—石虎嘴	侵蚀	2010—2019 年	砂质海岸
11	招远	石虎嘴—屺坶岛	强侵蚀	2010—2019 年	砂质海岸

续表

序号	地区	岸段	侵蚀强度	侵蚀年度	备注
12	龙口	龙口港	微侵蚀	2010—2019 年	砂质海岸
13	龙口	港栾—栾家口角	强侵蚀	2010—2019 年	砂质海岸
14	蓬莱	栾家口—蓬莱阁	微侵蚀	2010—2019 年	人工岸线，围填
15	蓬莱	蓬莱阁—蓬莱港	淤积	2010—2019 年	砂质海岸
16	蓬莱	蓬莱港—御前村	稳定	2007—2019 年	基岩海岸
17	烟台	烟台西港	侵蚀	2007—2019 年	人工岸线，港口围填
18	烟台	套子湾	侵蚀	2010—2019 年	砂质海岸
19	烟台	芝罘湾	稳定	2010—2019 年	人工岸线和基岩海岸
20	烟台	玉岱山—养马岛	侵蚀	2010—2019 年	砂质海岸
21	烟台	养马岛—双岛湾	侵蚀	2010—2019 年	侵蚀
22	威海	双岛湾—小石岛	稳定	2005—2019 年	砂质海岸
23	威海	国际海水浴场	侵蚀	2010—2020 年	砂质海岸
24	威海	葡萄滩海水浴场	侵蚀	2005—2019 年	砂质海岸
25	威海	靖子村—王家村	稳定	2005—2019 年	人工岸线和基岩海岸
26	威海	半月湾	淤积	2010—2020 年	砂质海岸
27	威海	海源公园—悦海花园	稳定	2010—2020 年	仅滨海公园处侵蚀
28	威海	威海港	稳定	2005—2019 年	人工岸线，围填港口，近岸侵蚀
29	威海	铁底湾—沙窝	稳定	2005—2019 年	基岩海岸
30	威海	五渚河公园	强侵蚀	2010—2020 年	砂质海岸
31	威海	鱼脊岛—陡前石	稳定	2005—2019 年	基岩海岸，人工围填
32	威海	逍遥河—王家村	严重侵蚀	2005—2019 年	砂质海岸
33	威海	灰树村—仙人桥村	稳定	2005—2019 年	砂质海岸
34	威海	成山头	稳定	2005—2019 年	基岩海岸，局部人工围填
35	荣成	荣成湾	淤积	2010—2020 年	砂质海岸

续表

序号	地区	岸段	侵蚀强度	侵蚀年度	备注
36	荣成	马山里—瓦屋石村	稳定	2005—2019 年	基岩海岸，局部人工围填
37	荣成	瓦屋石村—滨海公园	稳定	2005—2019 年	基岩海岸，局部人工围填
38	荣成	滨海公园—桑沟湾	微侵蚀	2005—2019 年	砂质海岸
39	荣成	青龙岛—楮岛村	强侵蚀	2005—2019 年	砂质海岸
40	荣成	楮岛村—东墩村	稳定	2005—2019 年	砂质海岸
41	荣成	东墩村—靖海湾	强侵蚀	2005—2019 年	人工岸线，局部围填
42	乳山	五垒岛湾—银滩	淤积	2010—2020 年	砂质海岸
43	乳山	小石口村—西山	侵蚀	2007—2019 年	人工岸线
44	海阳	乳山口—丁字湾	侵蚀	2010—2020 年	砂质海岸
45	青岛	大桥湾—沙子口	稳定	2007—2019 年	人工和基岩岸线为主
46	青岛	石老人湾	侵蚀	2010—2019 年	砂质海岸
47	青岛	浮山湾	稳定	2010—2019 年	人工岸线
48	青岛	汇泉湾—青岛湾	侵蚀	2010—2019 年	砂质海岸
49	青岛	胶州湾	侵蚀	2004—2019 年	人工岸线，红岛围填
50	黄岛	薛家岛	稳定	2010—2019 年	人工岸线
51	黄岛	金沙滩—银沙滩	侵蚀	2010—2019 年	砂质海岸
52	黄岛	唐岛湾—灵山湾	侵蚀	2010—2019 年	砂质海岸
53	黄岛	大珠山—甜水河	稳定	2007—2019 年	基岩岸段
54	日照	白马口河—肖家村	侵蚀	2010—2019 年	砂质岸段
55	日照	吴家台—万平口	侵蚀	2010—2019 年	砂质岸段
56	日照	万平口—付疃河口	稳定	2007—2019 年	人工岸线
57	日照	付疃河口—绣针河口	淤积	2010—2019 年	砂质岸段，围填海

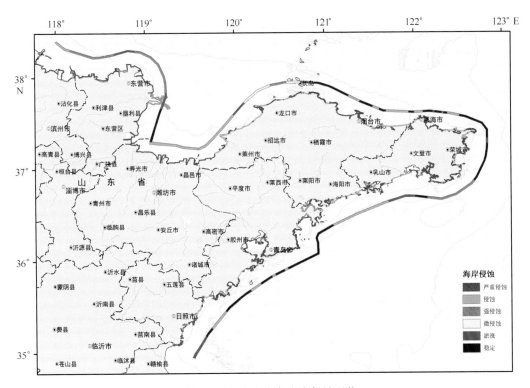

图 4.119　山东半岛海岸侵蚀现状

第5章 影响因素与发展趋势

　　海岸侵蚀受制于海岸带物质供应和海洋能量之间的制衡关系，关键在于物质与能量的交换程度，而物质与能量的输入与输出也有时间长短的变化，因此，海岸侵蚀的演变也分为不同的时间尺度。海岸侵蚀是一个多因素耦合作用下的结果，影响因素复杂多变，各因素作用的时空尺度不同。对于山东半岛海岸而言，造成海岸侵蚀的主要原因包括海平面变化、极端天气的影响、入海泥沙减少、海岸工程建设和地面沉降等。其中，全球气候变暖导致的海平面上升和极端天气的影响加剧等自然因素成为全球海岸侵蚀的一个共同话题，但是泥沙输入减少、不合理的海岸工程、人工采砂和沿海城市建设等人为因素在山东半岛海岸侵蚀的致灾因素中所占比例和权重越来越高。在全球气候变暖和人类社会快速发展的背景下，山东半岛海岸侵蚀可归纳为"长期看海平面变化，短期看人类活动"的发展趋势。

5.1 海岸侵蚀影响因素

5.1.1 海平面上升的影响

　　气候系统的综合观测和多项关键指标表明，全球变暖趋势仍在持续。在过去的 25 a 内（Nerem et al.，2018），全球海平面一直在加速上升，并随着全球气候的变化，海平面上升速率越发加快。近 40 a 来，中国沿海海平面呈加速上升趋势，随着城市化进程加快，沿海地区面临的海平面上升风险进一步加大。中国沿海海平面上升速率为 3.4 mm/a，高于同时段全球平均水平，过去 10 a，中国沿海平均海平面持续处于高位。虽然海岸线变化可能是多种影响因素综合作用的结果，但是岸线变化与海平面变化之间仍然存在直接的联系（Athanasiou et al.，2020）。对于山东半岛岸线，固定的人工岸线、基岩岸线和受泥沙影响的河口岸线短期内对海平面变化不敏感，而砂质海岸是各类岸线中最为脆弱的海岸类型，地形地貌极易发生变化（Castelle et al.，2017），对海平面上升具有较为准确和明显的响应。虽然布容法则（Bruun，1988）在计算海平面上升对岸线后退距离中存在着一些问题(Cooper and Pilkey, 2004),诸如缺乏物质输运、海岸物质补充等,但该法则在判断海平面上升对岸线变化影响的分析时仍具有一定的借鉴意义:

$$R = \frac{L}{B+h}S \qquad (5-1)$$

式中,R 为海平面上升时后退的距离,h 是闭合深度,L 是海岸线至闭合水深 h 间的横向距离,B 代表滩肩的高度,S 是海平面上升值。其中 $\tan\theta = (B+h)/L$,θ 为滩面坡度。

以山东半岛砂质岸线为例,其坡度一般介于 3°~10°,计算可知海平面上升导致的岸线后退速率为 0.02~0.07 m/a,这远低于目前山东半岛砂质岸线的平均后退速率。同时,山东半岛处于构造隆升期(Wang et al., 2022),地壳上升速率一般为 1 mm/a,青岛地区可达到 2~3 mm/a(胡惠民和黄立人,1993),进一步削弱了海平面上升对海岸侵蚀的影响。但是,在 RCP 8.5 的情景下,2100 年和 2150 年海平面将分别上升 2.5 m(Sweet et al., 2017)和 5.0 m,届时绝大多数的砂质岸段将被完全侵蚀(不考虑砂质海岸自我调整的状况下)。此外,受气候变化的影响,中国沿海极值水位的增长速率达 2.0~14.1 mm/a(Feng and Tsimplis, 2014),风暴潮强度和频率也将快速增加(冯爱青等,2016;Knutson et al., 2010),海岸侵蚀的风险和强度将愈发严重。

5.1.2　极端天气的影响

全球气候变暖除了造成海平面上升以外,另一个重要影响是造成热带气旋、风暴潮等极端天气条件的强度及频数有增加的趋势。对于中国大陆,全球变暖导致的西太平洋与中东太平洋纬向温度梯度加大,从而加强热带西北太平洋风垂直切变与相对涡度的变化,进而影响西北太平洋热带气旋活动的时空变化,使得热带气旋从生成到消亡的整个活动过程向东亚大陆靠近,这意味着未来登陆我国的热带气旋频次、强度极有可能加强(顾成林,2018;季子修,1996)。我国是遭受台风等极端天气灾害的重灾区,以琼(邵超等,2016)、桂(李明杰等,2015)、粤(张彤辉和刘春杉,2015)、闽(蔡锋等,2004)、浙(童宵岭等,2014)、苏(戴亚南和张鹰,2006)和鲁(陈雪英等,2000)等省份遭受的灾害最为明显。其中,山东省是我国北方省份中遭受台风灾害的重灾区,海阳市则是山东半岛受台风影响较重的地区之一(尹宏伟,2016),如 1992 年的"9216"号热带风暴使山东省砂质海岸遭受严重侵蚀,海阳市的部分岸段最大蚀退距离达 30 m(张绪良,2004)。

在影响海岸沙滩形态变化的诸多因素中，台风及其带来的风暴增水是影响海滩剖面形态变化主要的动力因素之一（蔡锋等，2006）。台风过境时，往往使得海滩在短时间内遭受严重侵蚀，海滩地形地貌发生改变，虽然台风过后滩面可以进入恢复期，但是台风对后滨和风成沙丘等造成的破坏往往恢复周期较长，甚至形成永久性的破坏（郭俊丽等，2018）。诸多学者对砂质海滩的台风影响过程进行了相关的研究工作（Splinter et al.，2018；Thinh et al.，2018；王文海等，1994；束芳芳等，2019；衣伟虹，2011；Masselink et al.，2016），研究表明，风暴期间滩面侵蚀和正常天气下泥沙向岸回淤是中、长尺度沙滩剖面演化的主要过程（Guan et al.，1998），但是不同类型的沙滩对台风的响应程度也有很大的不同（蔡锋等，2002），甚至在台风过境时滩面表现出基本稳定的状态（Ervin，2004）。为此，本章阐述了在2019年8月"1909"号台风"利奇马"过境山东前后，对海阳万米沙滩进行的海滩剖面的监测工作，并分析台风等极端天气气候对海岸线的影响。

海阳市位于黄海之滨，山东半岛南端，处于青岛、烟台、威海3个开放城市中心地带，是国务院确定的首批沿海开放城市之一，2012年亚洲沙滩运动会在海阳成功举办，2015年成功入选首批"国家级旅游度假区"。海阳夏季盛行南风和东南风，年平均风速3.2 m/s；常浪向为SSW向；强浪向为SE向，最大波高为5.8 m，次强浪向为SSE向，最大波高为3.9 m（任智会等，2016）。潮流主要为规则半日潮流，为往复流。通过实测资料计算可知海阳区域平均低潮线−1.80 m，平均高潮线1.72 m；最低潮潮位−2.73 m，最高潮潮位2.30 m（海阳平均海平面−0.04 m，1985国家高程基准）（吴园园，2014）。

5.1.2.1　台风"利奇马"概况

2019年8月4日，台风"利奇马"（编号：1909）诞生于西北太平洋洋面上，10日凌晨，"利奇马"以超强台风登陆浙江，中心附近最大风力16级（52 m/s），一举成为1949年以来登陆我国大陆地区的第五强台风。在其穿过江苏移入黄海后，11日20时50分在山东省青岛市黄岛区海域再次登陆，中心附近最大风力9级（23 m/s，热带风暴级），之后迅速穿过山东半岛后进入渤海，13日减弱为热带低压，14时，中央气象台对其停止编号（图5.1和图5.2）。"利奇马"给山东省带来8级以上阵风，它登陆强度强、陆地滞留时间长、降雨强度大且极端性显著、大风影响范围广且持续时间长，使华东及环渤海等地遭受严重风雨影响（天气网，2019）。其对海阳市的影响主要为8月10—14日，其中8月11—12日影响最为严重，期间国家海洋局烟台海洋预报台发布海浪Ⅱ级"橙色"预警，东南风超过8级，海阳市海域浪高达4.5 m（海浪警报，国家海洋局烟台海洋预报台，

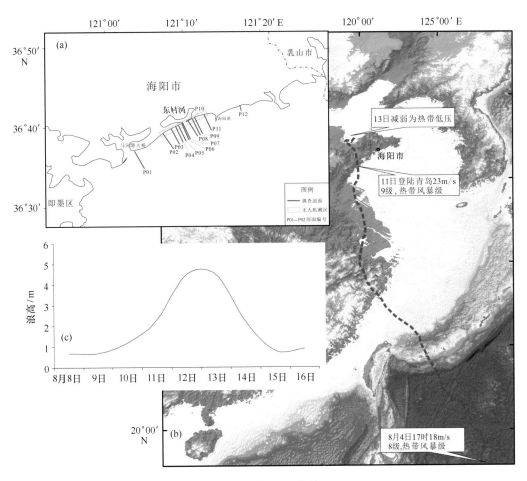

图 5.1 台风"利奇马"(编号：1909)

2019)，对海阳市海滩造成了严重的冲击。根据千里岩验潮站实测潮位资料，台风过境期间海阳海域增水过程主要发生在 11—12 日，平均增水超过50 cm，最大增水时间为 11 日中午，增水高达 75 cm(图 5.3)。

2019 年 7 月 2—4 日完成了海阳海滩夏季剖面和无人机影像的监测任务，在 8 月 14 日"利奇马"台风过程影响结束后，8 月 15—17 日对该海滩进行了重点剖面和无人机影像的复测任务，获得了台风对砂质海滩影响过程的第一手资料。同时，7 月 4 日至 8 月 14 日期间，除"利奇马"台风外，海阳海域并无其他台风或风暴潮过程，因此，两次监测数据可以完整反映台风"利奇马"对海阳砂质海滩的影响过程。

5.1.2.2 滩面地貌变化

无人机监测海滩长度约 10 km，以东村河口为界，根据海滩滩面变化不同将

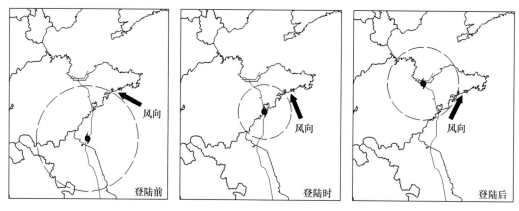

图 5.2　台风"利奇马"（编号：1909）过境期间研究区风向变化

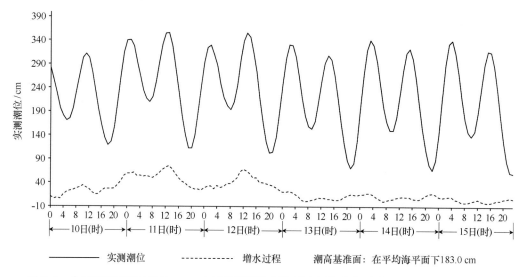

实测潮位	增水过程	潮高基准面：在平均海平面下 183.0 cm

图 5.3　台风"利奇马"（编号：1909）过境期间海阳海域实测潮位与增水过程（千里岩验潮站）

研究区分为西南侧海滩和东北侧海滩，分别研究两者在台风前后的变化情况。

1）西南侧海滩台风前后变化

西南侧海滩长度约 4.6 km，整体较为平直，略呈弧形，基本以剖面 P03 处为顶点，低潮时顶点处海滩宽度约 150 m，向两侧海滩宽度相对变大，最大宽度约 300 m。由海向陆依次为海水、潮间带、风成沙丘，风成沙丘后修筑有高约 1.0 m 的护堤，堤外为大片的养殖场。其中潮间带宽度较大，低潮时可见宽度约 200 m，高潮带坡度较大，中-低潮间带坡度平缓，风成沙丘受护堤影响宽度只有 15~30 m，沙丘上生长有绿色植被。同时，沿高潮线存在一条明显的侵蚀陡坎，长约 2.5 km，高 0.3~0.5 m［图 5.4，图 5.5（a）］。

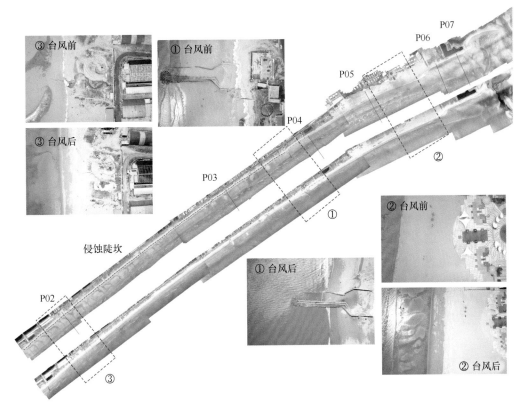

图 5.4　东村河口西南侧海滩台风前后变化

台风前（2019 年 7 月），台风后（2019 年 8 月）

　　根据台风前后无人机正射影像分析可知，台风后岸线变化不大，但部分滩面遭受冲蚀（Ding et al.，2015）。台风对西南侧海滩的主要影响包括 4 个方面。滩面下蚀：主要发生在高潮带和中潮带滩面，以 P04 剖面南侧滩面排水管道和矮墙为参照可知，水泥管道直径约 1 m，台风后埋入沙滩的深度减少约 1/3（图5.4①），可以计算该处滩面下蚀 0.3~0.5 m；风成沙丘淤积：整个岸线的风成沙丘均有不同程度的淤积，表现为风成沙丘面积略有扩大，部分植被和建筑物被掩埋（图 5.4②）。以 P05 剖面北侧建筑被风沙掩埋为例，风成沙丘台风后淤积厚度 0.1~0.2 m；滩面微地貌消失：由于西南侧海滩紧靠养殖场，养殖场排水形成了众多排水冲蚀沟槽等微地貌（徐元芹等，2016），台风后表现为后滨的微地貌由于增水冲刷被夷平或后滨沙丘上的开挖痕迹被掩埋（图 5.4③）；侵蚀陡坎消失：台风后平行于大潮线的侵蚀陡坎消失。经实地勘查发现，该陡坎消失原因一部分是由于台风增水冲刷被夷平，二是增水带来的泥沙覆盖在陡坎下的浒苔之上从而造成陡坎消失的假象(图 5.5,标红区域表层为泥沙,下伏已变成白色的浒苔)。

图 5.5 台风前后侵蚀陡坎变化

(a)台风前;(b)台风后

2)东北侧海滩台风前后变化

东北侧海滩长度约 5.3 km,整体亦较为平直,略呈弧形,基本以 P10 剖面处为顶点,低潮时顶点处海滩宽度约 140 m,向两侧海滩宽度相对变大,东村河口最大宽度约 500 m。由海向陆依次为海水、潮间带和风成沙丘,其后为城市道路或酒店住宅区(图 5.6)。该海滩发育高滩肩,陡斜的滩面和宽广的低潮阶地,可见大型滩角。较西南侧海滩而言,其潮间带较窄,一般在 60~90 m,向陆侧发育宽缓的风成沙丘,沙丘西侧生长大片防风林,长约 1.7 km,宽约 500 m,其余部分防风林宽仅有 30 m 左右。

根据台风前后无人机正射影像分析可知,台风后 P11 剖面附近岸线略有后退,其余部分变化不大,但滩面遭受冲蚀,其最大侵蚀位于连理岛大桥处。台风对东北侧海滩的主要影响包括 3 个方面。潮汐通道归股:该改变主要发生在东村河口。台风前,东村河口潮汐通道分支较多,水深较浅,呈现"漫流"状态;台风后,受降雨导致的径流量加大和潮汐增水水量加大的影响,东村河潮汐通道在短时间内归股为几条主要通道(图 5.6①),其直接导致西侧沙滩顶部外侧水深加大,沙滩坡度变陡。滩面下蚀:主要发生在高–中潮带滩面,以 P09 剖面北侧连理岛大桥处最为直观,台风前滩面可达第 5 个废弃桥墩处且滩面较高,台风后滩面后退至第 4 个废弃桥墩处,且滩面下蚀约 0.5 m(图 5.6②),表明该处滩面下蚀较为严重。滩肩形态变化:台风后在高潮线上部的滩肩高度明显增加(图 5.6③),形成与高潮线基本平行的一条隆起状滩脊。

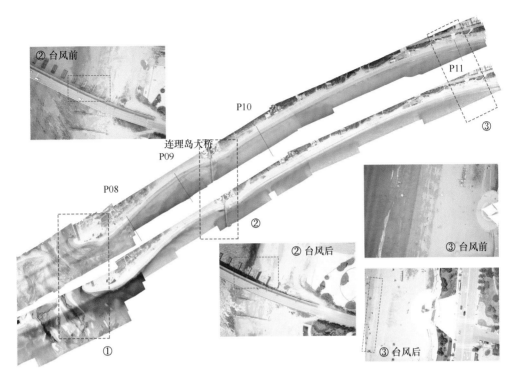

图 5.6　村河口东北侧海滩台风前后变化

台风前（2019 年 7 月），台风后（2019 年 8 月）

5.1.2.3　剖面地形变化

1) 西南侧海滩剖面变化

马河港大桥以南海滩，向陆侧已开发为盐田，南侧为河流入海口，入海径流量很小。该处风成沙丘直接连接潮间带，受侵蚀较为严重，形成高约 2.7 m 的陡坎，潮间带则发育多条水下沙坝。台风后，海滩中-低潮滩形态变化较大，沙坝形态更为明显且向岸不断迁移，沙坝间沟槽持续冲刷，沙坝不断增高［图 5.7（a）］。同时剖面整体坡度变化不大，其中沙丘陡坎上部风沙塌落量加大造成陡坎坡度略有降低，但高潮带滩面受上部沙丘泥沙塌落堆积和下部冲刷的共同影响，坡度略有增加。

西南侧海滩中-低潮带坡度相对较大，台风后整体趋势以侵蚀为主，海滩坡度整体变缓，且在离岸 120~150 m 处的中-低潮带发育了高度 0.4~0.8 m 的水下沙坝。局部区域侵蚀主要发生在中-低潮带，部分滩面高潮带也遭受较为严重的冲蚀［图 5.7（d）］。同时后滨发育的海滩则呈现出两端淤积、中间侵蚀的状态，即后滨和低潮带滩面淤积、高-中潮带滩面发生侵蚀［图 5.7（b）和图 5.8（a）］的现象。东村河口西侧海滩受东村河口影响，中－低潮带发育多条宽缓的水下沙坝，台风后侵蚀主要发生在高潮带滩面［图 5.8(b) 和(c)］，造成高潮带坡度增加，但中－低潮带坡度变化不大，水下沙坝向岸迁移约 34 m。

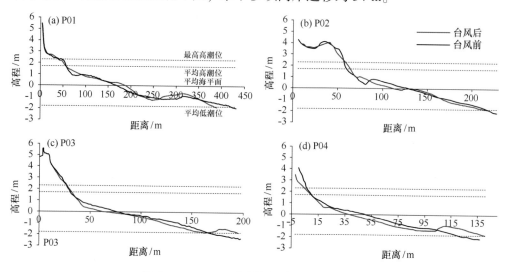

图 5.7　P01—P04 海滩剖面台风前后变化情况

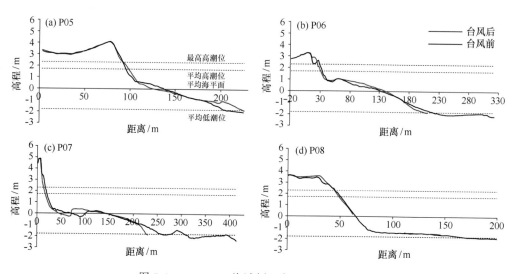

图 5.8　P05—P08 海滩剖面台风前后变化情况

2) 东北侧海滩剖面变化

东北侧滩面具有低缓的中－低潮带，坡度均小于 1°。其中，P08—P11 剖面形态类似，都发育宽缓的后滨(P09 起点后为酒店围栏，无法测量)和高滩肩，台风后变化也基本相同，整体坡度略有减小，都表现为高潮带滩面下蚀、后滨

和中-低潮带滩面堆积的现象[图 5.8(d);图 5.9(a)~(c)]。最大下蚀均发生在
滩肩下部,滩肩遭受冲刷向岸移动,最大淤积除 P08 剖面外均位于高潮带坡脚
处。海阳港东北侧约 4.5 km 处的海滩具有较宽的后滨沙丘,沙丘向海侧遭受严
重冲蚀,形成高度约 2.5 m 的侵蚀陡坎,台风后剖面整体以侵蚀为主,主要表现
为滩肩下部侵蚀严重,下蚀距离达到 0.86 m[图 5.9(d)],导致高潮带坡度增
加,中潮带以弱淤积为主,且原低缓的水下沙坝向岸迁移约 20 m。

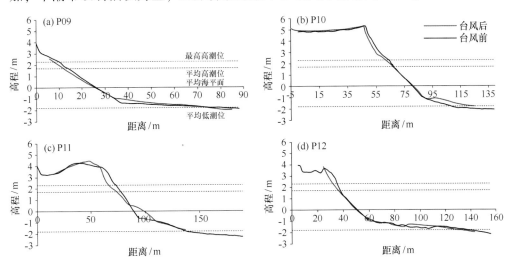

图 5.9　P09—P12 海滩剖面台风前后变化情况

5.1.2.4　海滩侵蚀量

P01 和 P12 剖面距离主海滩较远且相对独立,因此,选择其余 10 个剖面参
数参与计算台风"利奇马"(编号:1909)对海滩造成的侵蚀量。剖面间隔较小,
各剖面的平均单宽侵蚀量可以代表整条海滩的侵蚀情况。此外,各剖面测量最
低高程均达到了平均低潮位,可以准确反映各个海滩地貌单元的冲蚀情况。

计算公式如下:

$$V = \overline{E} \times L \tag{5-2}$$

$$\overline{E} = \frac{(E_2 + E_3 + \cdots + E_{11})}{10} \tag{5-3}$$

式中,V 为海滩侵蚀量(m³);$\overline{E}$ 为平均单宽侵蚀量(m³/m);E_n 为各剖面单宽侵
蚀量(m³/m);L 为海滩长度(m)。

海阳主海滩长度 10 km,整体以侵蚀为主,平均单宽侵蚀量为 2.43 m³/m,
计算可知台风"利奇马"(编号:1909)过境期间海滩侵蚀量为 $2.43×10^4$ m³。其中

后滨和中-低潮带平均以弱淤积为主，平均单宽淤积量分别为 1.53 m³/m 和 2.41 m³/m，整体淤积量为 3.94×10⁴ m³，高潮带平均单宽侵蚀量为 6.37 m³/m，整体侵蚀量为 6.37×10⁴ m³，说明台风过境期间对高潮带滩面造成的冲刷最为严重，少部分泥沙随冲越流到达后滨，更多的沉积物向海运动，堆积在较深水区，形成沙坝体。

5.1.2.5 不同地貌单元对台风的响应

海阳海滩属于典型的低潮阶地型海滩，同时部分区域发育沙坝型海滩，一般具有坡度较大的高潮带和宽缓的中-低潮带，而南侧后滨相对北侧较窄。台风后海滩整体以侵蚀为主，由海向陆不同地貌单元的形态变化反映了对台风作用过程和强度的响应规律（表 5.1）。

中-低潮带侵蚀与淤积并存：中-低潮带滩面以东村河口为界，西南侧滩面坡度较陡，一般大于 1°，东北侧滩面较缓，一般小于 1°。台风后，西南侧滩面整体遭受冲蚀，水下沙坝向岸迁移，部分滩面在中潮带出现新的小沙坝，说明剖面有向沙坝型转化的迹象；而东北侧平缓滩面对大波浪具有更明显的消散波能作用，因此，台风后滩面基本稳定。

高潮带滩面侵蚀：台风期间水位增高，风浪与潮流的共同作用致使高潮带滩面上部受侵蚀严重（刘勇等，2016），且滩面坡度越大，水动力对滩面的冲刷强度越大（图 5.10）。台风后，高潮带滩面坡度略有增加，且整体呈现高潮带滩面坡度越大，侵蚀量越大的趋势。

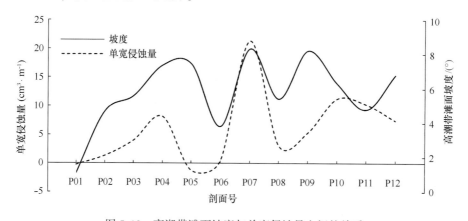

图 5.10 高潮带滩面坡度与单宽侵蚀量之间的关系

后滨以弱淤积为主：滩肩向岸迁移，形态更加"棱角分明"（P08 剖面），滩脊受台风大浪激浪流堆积，高度增加约 0.4 m，特别是东侧滩脊隆起更加明显。淤积原因一是台风带来的 8 级强烈的东南向向岸风，挟带细颗粒沉积物堆积于后滨区域；二是台风引起的巨浪增水越过滩脊后能量耗散，卷挟的泥沙沉降造成后滨堆积。

风成沙丘弱淤积和强侵蚀同时存在：淤积型沙丘向海侧为宽缓的后滨，植被较多，大风挟带的风沙在此堆积（Yin et al.，2019），使得沙丘增高，但由于大风时间较短，淤积量较小。侵蚀型沙丘由于直接连接潮间带，长期受波浪影响，一般在高潮线附近形成大型侵蚀陡坎，台风期间潮位增高，波浪冲刷作用加强，使得侵蚀陡坎继续向岸蚀退。

5.1.2.6　台风对海滩的作用过程

台风过程中的台风浪冲击是改变海滩地貌形态的最主要因素，风暴增水与潮汐过程的叠加同样对海滩地貌变化有重要影响。正常天气条件下，海滩沉积物运移与水动力作用之间相互平衡，形成滩面相对较陡的"常浪剖面"。根据本次台风"利奇马"（编号：1909）路径特点，在台风影响的时间内，逆时针气旋导致海阳海滩受东南风影响更为强烈（图 5.11），向岸风主导整个台风过程，由此带来的台风浪正面冲击海滩，造成了海滩的严重侵蚀。台风期间，强风暴增水与涨潮过程导致水位快速升高，持续时间 2 天，增水造成海滩上部和前滨冲蚀严重（Sallenger，2000），同时台风浪波高远超过日常，因此，越顶浪将部分海滩沉积物带向后滨；而水位升高同样导致海滩潜水面抬升，海滩渗流作用减弱，滩面大量沉积物被回流带向近岸海域，堆积形成水下沙坝或加积在原沙坝位置（Lee et al.，2016），抬升海底标高，促使台风浪提前破碎（于吉涛等，2015），减缓对海滩的冲刷而最终形成"风暴剖面"。此外，向岸风受防风林和建筑物阻挡风速降低，挟沙能力下降导致风成沙丘略有淤积。

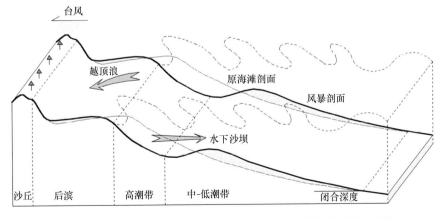

图 5.11　台风"利奇马"（编号：1909）对海阳海滩的作用过程示意图

台风"利奇马"（编号：1909）过境前后无人机正射影像对比显示，台风后海滩变化主要以风成沙丘面积略有扩大、高-中潮带滩面发生下蚀、微地貌消失和潮汐通道加深等现象为主。台风后，海滩整体以遭受侵蚀为主，侵蚀主要发生在高潮带滩面；风成沙丘以弱淤积为主，但部分岸段发生严重冲蚀；后滨受大风和冲越流挟沙堆积后以弱淤积为主；而中-低潮带冲淤主要受滩面坡度控制，表现为高坡度滩面冲蚀，低坡度滩面弱淤积，且台风过后形成多个小型水下沙坝。台风"利奇马"（编号：1909）过境期间对海阳海滩造成了约 2.43×10^4 m^3 的侵蚀量，其中高潮带滩面损失高达 6.37×10^4 m^3，而后滨和中-低潮带滩面淤积量达到 3.94×10^4 m^3，说明台风"利奇马"（编号：1909）对海阳海滩的侵蚀整体以高潮带滩面冲刷为主。

5.1.3 入海泥沙减少

河流上游大量的拦水工程是入海泥沙减少的主要原因之一（盛茂刚等，2014）。山东半岛入海河流众多，除黄河外多为丘陵山溪性河流，大都源短流急，雨季流量大，枯季流量小甚至干涸，加之流域内多为基岩山地，因此，虽然这些河流的年平均输沙量不大，但冲刷下来的粗颗粒物质较多，是海滩砂的良好物源。20 世纪 50—70 年代，山东半岛流域的自然植被较差，河流泥沙含量和入海量显著偏大，砂质海岸物源丰富，岸线保持稳定或向海推进。然而，自 20 世纪 60 年代以来，山东半岛几乎全部的入海河流和平原上逐渐修建了大小水库，共约 6000 座，库容达到 220×10^8 m^3，各类水利工程设施使得大量的泥沙供给被截断，河流除洪季外几乎没有入海泥沙输送（表 5.2；杨继超等，2012）。由此造成的海滩泥沙亏损是不可逆转的，山东半岛每年因河流输沙量减少而亏损的砂量约为 66×10^4 t（李广雪等，2013），如青岛市五龙河和烟台市黄水河的入海泥沙量分别锐减 84% 和 60% 以上（田清等，2012），造成附近砂质海岸沉积物来源不足，岸线后退速率达到 2.63 m/a 和 1.22 m/a。入海泥沙量锐减的侵蚀效应在 20 世纪 80 年代快速呈现，当年河口附近的岸线侵蚀速率高达 2~10 m/a，其中，界河口和套子湾的侵蚀速率分别为 10 m/a 和 2~3 m/a，而目前的侵蚀速率下降到 0.21 m/a 和 0.25~1.91 m/a。因此，河口附近的砂质海岸在经历了入海泥沙锐减的快速侵蚀期后，经过 30 多年的水沙平衡关系调整，侵蚀速率逐渐放缓，入海泥沙减少所造成的侵蚀比重也在逐步减小。

表 5.1　台风前后海阳海滩形态参数变化

剖面	高潮带滩面坡度/(°)			中-低潮带滩面坡度/(°)			平均坡度/(°)			单宽体积变化/(m³·m⁻¹)				最大下蚀/m		最大淤积/m	
	前	后	变化	前	后	变化	前	后	变化	后滨	高潮带	中-低潮带	整体	下蚀量	位置	淤积量	位置
P01	1.07	1.48	0.41	0.62	0.64	0.02	0.66	0.72	0.06	0	0.27	14.78	15.05	0.22	沙坝间沟槽	0.40	沙坝
P02	4.68	5.50	0.82	1.09	1.11	0.02	1.64	1.57	-0.07	4.58	-1.31	-9.19	-5.92	0.40	中潮带	0.33	坡脚
P03	5.57	6.59	1.02	6.15	0.84	-5.31	2.21	1.86	-0.35	—	-3.94	-11.20	-15.14	0.41	中潮带	0.62	低潮带
P04	7.35	7.32	-0.03	1.37	1.13	-0.24	2.59	2.11	-0.48	—	-8.12	-4.42	-12.54	1.05	高潮带	0.60	低潮带
P05	7.44	6.00	-1.44	1.26	1.18	-0.08	1.36	1.34	-0.02	0.14	1.24	7.72	9.10	0.47	中潮带	0.77	低潮带
P06	3.80	5.08	1.28	0.87	0.95	0.08	1.10	1.33	0.23	0.31	-0.41	7.27	7.17	0.32	高潮带	0.30	中潮带
P07	8.31	10.03	1.72	0.41	0.63	0.22	0.98	1.69	0.71	—	-21.29	8.07	-13.22	0.62	沙坝间沟槽	0.73	沙坝
P08	5.41	6.05	0.64	0.33	0.23	-0.1	2.11	2.06	-0.05	2.95	-3.08	7.90*	7.76*	0.19*	滩肩下部	0.43	滩肩
P09	8.20	7.08	-1.12	0.63	1.18	0.55	3.81	3.30	-0.51	—	-5.28	3.82	-1.46	0.35	滩肩下部	0.35	坡脚
P10	6.32	7.86	1.54	0.36	1.17	0.81	3.12	3.06	-0.06	3.54	-11.22	8.75	1.07	0.25	滩肩下部	0.46	坡脚
P11	4.78	4.97	0.19	1.00	—	—	2.41	2.36	-0.05	3.81	-10.27	5.36	-1.10	0.50	滩肩下部	0.76	坡脚
P12	6.79	7.58	0.79	0.67	0.68	0.01	2.77	2.82	0.05	—	-7.41	0.48	-6.93	0.86	滩肩下部	0.26	坡脚

注：—表示无数据，* 表示由于台风后高潮脊下坡脚处潮流通道水深加大，RTK 无法通过测量，因此该数值存在误差，实际坡脚下侵蚀量较大。

表 5.2　山东半岛典型入海河流输沙量变化

名称	水文站	流域面积/km²	平均年输沙量/(10^4t·a^{-1})					
			1958—1965 年	1956—1970 年	1971—1975 年	1976—1980 年	1981—1985 年	1986—1990 年
大沽河	南村站	3735	121.7	20.1	23.83	19.03	0.11	0.17
五龙河	团旺站	2445	165.4	48.9	52.82	39.07	4.38	0.12
北胶莱河	王家庄站	2531	15.0	1.25	10.40	2.5	0.01	0.04
清洋河	门楼水库	1079	8.4	2.32	1.16	1.88	1.03	0.04
合计		9790	310.5	72.57	88.21	62.48	5.53	0.37

　　沿岸地面入海径流挟沙量的减少也是入海泥沙量减少的重要原因之一。山东半岛砂质岸线分布的烟台市、威海市、青岛市和日照市的年降雨量 830～1074 mm，降雨期集中在夏季且降雨量大，加之属胶东丘陵区地形坡度较大，降雨后易形成较强的地面径流入海，对地表的侵蚀能力较强，因此，该区域土壤侵蚀模数最大为 5321 t/(km²·a)，平均侵蚀模数为 774 t/(km²·a)（山东省2021 年水土保持公报，2021），上述地区的岸线长度为 2646 km，仅按向陆侧1 km宽度的面积计算，理论上每年可以冲刷 2.05×10^6 t 的泥沙，成为海岸带泥沙的有效来源之一。但是随着城市化的日趋扩张，沿海一带的公路、楼房和海岸堤坝等人工构筑物的建设，使得地表可冲刷面积快速减小，从而造成入海径流挟沙量的减少，进一步加剧了砂质海岸的侵蚀。如青岛市石老人海水浴场沙滩，该处沙滩位于午山和浮山之间，北高南低（图 5.12），地表被冲刷的泥沙是其重要的泥沙来源之一，自 1984 年以来，该处的海域环境未发生大的变化，但向陆一侧的城区面积自 1998 年以来一直快速扩张，引起地表冲刷泥沙大幅度减少，进而造成沙滩泥沙供给不足，因此，2010 年以来的监测数据表明，石老人沙滩一直处于侵蚀的状态，岸线后退速率达到 1.21 m/a。

　　海岸带的人为采砂活动造成了大量沉积物的外运，严重破坏了海岸带的水沙平衡关系。早期海岸带的采砂活动在山东半岛沿海较为常见，无限制的采砂造成沉积物大量外运，使得海底深度加大，水动力增强，同时改变了原来平衡剖面的形态，引起严重的海岸侵蚀，最为典型的案例为半岛西北部登州浅滩采砂活动对附近砂质海岸的影响。登州浅滩是保护西北部砂质岸线的重要屏障，1986—1991 年采砂量约 97×10^4 t，造成附近砂质岸线后退严重，最大后退200 m，因此，附近村庄将采砂公司上告至海事法庭并获得胜诉，1991 年开始禁止采砂，

图5.12　石老人海水浴场周边城区快速扩张

成为中国海岸侵蚀方面司法解决的第一案例。历史调查数据显示，该浅滩1959年、1974年、1990年和2003年的5 m等深线面积分别为4.03 km²、3.96 km²、0.50 km²和1.97 km²，对应的附近岸线基本稳定（1959—1979年）、海岸侵蚀严重（1979—1992年）、海岸侵蚀速率加速（1992—2000年）、侵蚀过程减缓（2000年后）的变迁过程，海岸侵蚀发生过程虽滞后于采砂过程，但海岸后退与登州浅滩砂体减少呈强相关性，相关系数大于0.83（刘建华，2008）。禁止采砂后附近的部分岸线处于缓慢的恢复阶段，结果显示该采砂事件对海岸线的影响周期为30~50 a。

5.1.4　海岸工程建设

相对于海平面上升而言，人类活动对海岸侵蚀的影响具有空间上的局部性和时间上的快速性（Nourdi et al.，2021）。随着沿海经济的快速发展，岸线利用程度逐年增加，山东半岛各地人工岸线均呈现出快速增长的趋势，并以围填海、港口码头和堤坝等海岸工程建设为主，山东半岛的人工岸线长度由2007年的1292 km迅速增长至2020年的2120 km，其中，241 km的砂质岸线转变为人工岸线。海岸工程的建设在短时间内改变了临近海域的水动力环境，突入海中的构筑物如丁坝等改变了沿岸流方向，护岸堤坝改变了波浪冲刷岸滩的作用方式。水动力条件改变带来的直接后果就是沉积物搬运和堆积过程的改变，其影响范围大小不同，但相同的是所有海岸工程都造成了邻近海岸剧烈的冲淤演变。如1970年日照市佛手湾修建突堤后，从NNE向SSW运移的泥沙被拦截，造成突堤北侧迅速淤积，南侧海滩遭受侵蚀并在4 a内消失，下游官草旺村被冲蚀

[图 5.13(a)]；龙口北郊港栾码头的修建同样阻挡了向 SW 方向的沿岸输沙，造成下游岸段侵蚀后退严重，2003—2010 年岸线侵蚀后退最远可达 56 m[图 5.13(b)]（李兵等，2013）。

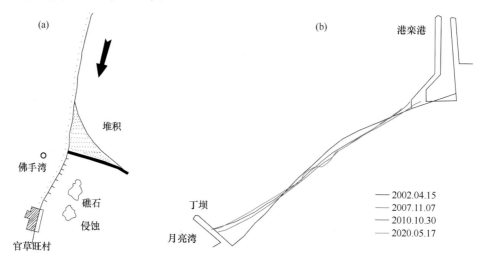

图 5.13　人类活动对海岸线变迁的影响

海岸工程的建设通常会引起局部岸段的快速冲淤变化之后逐渐进入新的平衡态势。以海阳市海核路附近砂质海岸为例（图 5.14），2012 年在 2 km 长的砂质海岸两端分别修建了长度为 1.7 km 和 3.8 km 的堤坝入海，水动力环境改变后，原本平直的岸线迅速做出了西侧冲蚀东侧淤积的响应，在这个相对封闭的小环境中冲淤变化基本相等，岸线呈现"X"形的变迁趋势，2020 年之后冲淤变化速率放缓。目前，山东半岛各地特别是新的开发区正在进行各种各样的海岸工程建设，而随着海岸工程的进度不同，临近的砂质海岸也在经历着不同的调整阶段。

5.1.5　地面沉降

地面沉降是指在人为或自然因素作用下，由于土体压缩等原因而出现的地面高程降低的现象。地面沉降现象普遍发生在世界上的许多地区，尤其是在低洼的三角洲区域，地面沉降现象更为突出（Carminati and Martinelli，2002；Teatini et al.，2005）。快速堆积三角洲沉积物在自身有效荷载的作用下会导致固结压实，进而造成地面沉降，减缓三角洲的增长，而地下流体如石油、卤水抽取等人类活动进一步加剧了地面沉降的发生，容易形成沉降漏斗。山东省地面沉降面积已达 $1.32×10^4 km^2$，约占全省国土平原面积的 1/4，特别是在以黄河三角洲

图 5.14　局部水动力环境改变引起的砂质海岸冲淤变化

为代表的鲁北地区，地面沉降已超过 4000 km²。

以黄河三角洲为例，根据 1990 年实施的黄河三角洲地区部分控制点沉降情况的监测结果，1990 年 62 个监测点的平均年沉降量为 4.2 cm，整个观测区域沉降量分布均匀；1992 年 39 个观测点的年沉降量在 0.4～7.8 cm 范围内，平均值为 3.8 cm，北侧区域沉降特征更为明显（苏衍坤等，2010）。黄河三角洲地区地面沉降量的平面分布差异较大，三角洲大部分区域的年沉降量在几毫米至几十毫米之间，沉降漏斗区域的沉降速率可达 200 mm/a（杜廷芹，2011；谭晋钰等，2014）。利用 InSAR 技术（Higgins et al.，2013）和 PSInSAR 技术对黄河三角洲地区的地面沉降特征的研究，发现地下水过度开采、油气开采、地面构筑物荷载等是导致三角洲沉降漏斗形成的重要因素，其中，地下水过度开采导致的沉降特征最为明显、油气开采次之、地面构筑物荷载导致的沉降相对较小（陈义兰等，2006；张金芝等，2013；刘一霖等，2016）。上述研究成果表明，自 1855 年以来，现代黄河三角洲地区的地面沉降是由大范围内的自然因素叠加一系列人为因素引起的小范围内沉降共同作用的结果（黄海军等，2022）。

我国黄河三角洲地区基本都是由全新世沉积物组成的，沉积体厚度在十几米到几十米之间，具有高孔隙比、高含水率、高压缩性等特点，在自重应力和上覆应力作用下易发生压实固结作用，产生地面沉降，导致地形变化。其中，在三角洲沉积体沉积后的初始阶段，沉积物压实作用是地面沉降的主要贡献者，随着时间的推移，三角洲沉积体的平均沉降速率逐渐减小，其对三角洲海岸侵蚀的贡献也逐渐降低，三角洲将会变得稳定。对于山东半岛北部黄河三角洲至莱州湾南岸，构造性沉降、沉积物固结压实、大量的地面构筑物、开采地下水和石油等因素造成的地面沉降十分严重，再叠加海平面上升的影响，将会进一步加剧陆地高程的损失总量，进而引起三角洲地区海岸侵蚀的强度增大。

5.2 海岸侵蚀发展趋势

海岸带作为一个整体，"物质-能量-空间"即"沉积物来源、水动力条件和相互作用区域"三要素之间存在着相互制衡机制（图 5.15），当海岸带"物质-能量"平衡被打破时，建立新平衡点的过程就表现为作用区域在空间上的进或退。在海岸带"物质来源、水动力环境和相互作用区域"三要素中，海岸的稳定性受控于物质供应和海洋能量之间的制衡关系（Gao et al.，2023）：一方面，全球气候变化引起绝对海平面的上升和极端天气气候的增多（Oddo et al.，2020），引发的水动力增强会加剧海岸侵蚀（Harley et al.，2017；陈吉余等，2010）；另一方面，人类活动改变了物质的搬运方式和供应量，进一步加剧了海平面上升的侵蚀效应。因此，在全球海平面上升、滨岸和流域人类活动增强的双重胁迫下，海岸带的安全风险日益升高，海岸侵蚀的潜在地质灾害发生的可能性增强。

5.2.1 短期发展趋势

在漫长的地球历史进程中，海岸带的发展不仅受海洋、陆地、大气等自然环境的综合影响，而且受到人类活动的直接影响。特别是进入工业革命以来，人类对海岸带的干预在强度、广度和速度上已经接近或者超过了自然变化，人类活动已经成为地表系统仅次于太阳能、地球系统内部能量的"第三驱动力"（徐谅慧等，2014）。山东半岛以人工岸线为主，随着沿海经济的快速发展，岸线利用程度逐年增加，各地人工岸线均呈现出快速增长的趋势，人工岸线比例由2007 年的 38.63%迅速增长至 2020 年的 64.04%。

海岸类型是海岸带开发利用状况的重要约束条件之一，促进或制约了当地的海洋经济发展，而海岸带的开发利用和经济的发展状况高低又对海岸线变迁速率起到了关键的影响。其中，滨州、东营和潍坊岸线向海推进速率分别为

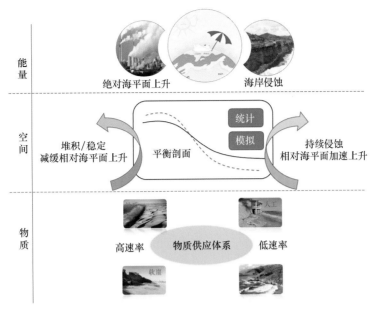

图 5.15　海岸带物质供应与水动力平衡机制示意图

172.87 m/a、132.42 m/a 和 91.59 m/a；烟台、威海、青岛和日照岸线向海推进速率分别为 22.69 m/a、19.27 m/a、59.07 m/a 和 37.90 m/a。粉砂淤泥质岸线的向海推进速率和面积增加率明显高于其他岸线类型（图 5.16），究其原因，一是烟台、威海、青岛、日照经济发达，岸线经过早期开发利用已相对稳定，但局部岸段（如青岛市红岛、烟台市龙口海上城市）仍随着城市的扩展继续向海延伸；二是滨州、东营和潍坊岸线以滩涂为主，人口稀少，后期围填海力度较大。随着人工岸线的持续增加，弯曲的自然岸线逐渐被规则的人工岸线取代，山东半岛岸线长度仍可能保持继续减小的趋势，但是根据山东半岛海岸带的开发利用现状，人类活动需要更多更广的海岸带空间，岸线的持续向海推进将会成为主要趋势。

　　受黄河入海的影响，山东半岛西北部（滨州—东营—潍坊）岸段以粉砂淤泥质岸线为主，其余岸段（烟台—威海—青岛—日照）则为基岩岸线和砂质岸线交替出现。对于粉砂淤泥质岸段，近岸水深较小、滩涂平坦，人类活动以养殖（滨州—东营岸段）、盐田（潍坊岸段）等围填海活动为主，该区域岸线基本呈现与原岸线平行向海推进的状态，因此，虽然陆域面积不断扩大，但岸线长度变化较小。基岩岸线较为稳定，近岸水深较大，是滨海风景区的重要组成部分，因此，城区及其附近的基岩岸线一般以保持现状为主，而其自身良好的水深条件使得港口码头开发活动日趋剧烈，如青岛、日照等部分基岩岸段陆续被开发为港口

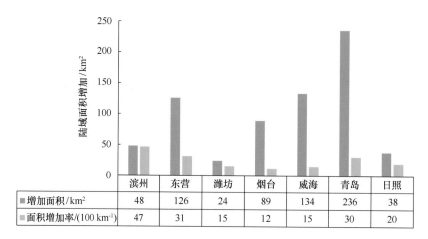

	滨州	东营	潍坊	烟台	威海	青岛	日照
■ 增加面积/km²	48	126	24	89	134	236	38
■ 面积增加率/(100 km⁻¹)	47	31	15	12	15	30	20

图 5.16　山东半岛沿海各市陆域面积变化

及工厂，造成基岩岸线向人工岸线转变并持续向海推进。砂质岸线由于其具备景观特性，目前主要开发为旅游景观区，以保持自然岸线和人工固定岸线为主，但是由于其他岸线的不断向海推进，海岸带"沉积物来源–水动力环境"的平衡机制被打破，造成砂质岸线呈现后退和滩面下蚀的趋势。此外，1976 年黄河自北部刁口流路人工改道现行东部清水沟流路入海后，泥沙堆积河口附近岸线向海推进，但北部飞雁滩附近由于泥沙供应断绝且正面遭受渤海的强水动力作用，岸线后退十分严重(Zhang et al.，2016，2019)。

　　从短期来看，人类活动对岸线演变的影响是快速而强烈的。诸如围填海、港口码头建设和岸线固化等人类活动，在短时间内直接或间接改变了沉积物的输运方式和入海泥沙量，打破了海岸带物质供应和水动力之间的平衡态势。水动力无法突破坚固的人工岸线，转而冲蚀周边诸如砂质岸线、粉砂淤泥质岸段等松散沉积物，造成该类岸线的后退和滩面下蚀。但是，当人类活动对环境的改变稳定后，海岸侵蚀也能在一定的时间内达到平衡状态，如黄河飞雁滩在刁口流路废弃后的 40 年间就经历了快速侵蚀—侵蚀—弱侵蚀—基本稳定的演化过程(陈沈良等，2005)。山东半岛近岸海域仍以沉积为主，冲刷区域一般呈点状出现，泥沙入海堆积仍然为主要趋势(Zhang et al.，2023)，在河流入海泥沙量减少的情况下，海岸带物质的侵蚀成为入海泥沙的重要组成部分。在风成沙丘或软土崖发育的岸段，高速率的物源供应减缓了相对海平面的上升，而在基岩和人工岸段低速率的物源供应则进一步加剧了相对海平面的上升。随着人工构筑物对岸线的固化，岸线失去后退空间后，滩面下蚀将成为主要的侵蚀方式。

　　虽然 20 世纪 60—80 年代由于河流建坝和人为采砂等原因造成的海岸侵蚀的

影响仍然存在，但是经过数十年的水沙平衡调整，海岸侵蚀速率已经放缓甚至部分区域已达到新的平衡态势，而未来新城区快速扩张引起的地表径流挟沙量减少，可能会对海岸侵蚀产生越来越重要的影响，例如，青岛老城区的砂质海岸基本保持稳定，烟台新的经济开发区砂质海岸则多遭受严重侵蚀。受海岸工程活动规模和频率的影响，海岸侵蚀多呈现局部、高发、高侵蚀速率和侵蚀周期不确定的特点。随着沿海经济的快速发展和岸线利用程度的逐年增加，人工岸线呈现出快速增长的趋势，并由 2007 年的 38.63% 迅速增长至 2020 年的 64.04%，陆域面积净增加 672 km^2，而自然蚀退面积仅为 22 km^2，岸线进退面积相差巨大使得其海岸带"沉积物供应–水动力环境"处于严重的失衡状态，未受保护的岸线将在很长一段时间内仍将遭受持续的侵蚀过程。

5.2.2 长期发展趋势

经过印支、燕山和喜山运动，在中国东部形成了包括山东半岛丘陵在内的构造隆起带，奠定了山东半岛的海岸带地貌基础，而现今的海岸地貌基本特征形成于全新世。全新世中期以来，短时间尺度、小幅度的相对海面变化，对海积地貌发育有着深刻的控制作用，包括海平面升降引起的海岸横剖面和入海河流河床纵剖面调整。随着海平面的上升，岸线侵蚀后退是必然的（Cooper et al.，2020）。不同类型的海岸对海平面上升的响应方式也不同，不考虑人为因素的影响下，其发展趋势主要分为两类：一是具有向后迁移空间的，如海岸带后侧为风成沙丘、软崖或者冲积平原等广阔空间的，该类海岸会保持原有的剖面形态随着海平面的上升逐渐向后迁移［图 5.17(a)、(b)］，这一类海岸带是被认为健康和可以持续存在的，但是如果海平面上升非常迅速，超过了海岸带的自我调整速度，也将会被淹没。二是不具备向后迁移空间的，该类海岸以基岩海岸和人工海岸为主，此类海岸带的最终命运是逐渐被上升的海平面淹没［图 5.17(c)、(d)］。

从长期来看，全球气候变化导致的海平面上升是海岸线演变趋势的最终决定因素。气候变暖背景下，海洋持续增温膨胀，极地冰盖和陆源冰川融化加快，导致近几十年来全球平均海平面呈现加速上升趋势，未来全球海平面上升在百年至千年尺度上不可逆转，沿海地区面临的海岸侵蚀风险将持续增加。预计 2050 年，中国沿海海平面将上升 68~170 mm（自然资源部，2021a），同时考虑到冰盖过程的不确定性，高情景下 2050 年、2100 年和 2150 年砂质岸线后退距离（按极值计算）将分别达到 3.4 m、40 m 和 100 m，而粉砂淤泥质海岸后退距离更大。虽然十年尺度的海平面上升相对于人类活动对岸线后退的影响

图 5.17 不用类型海岸对海平面上升的响应

所占权重较小，但百年及以上尺度的海平面上升对海岸带演化的影响将是巨大的(图 5.18)。

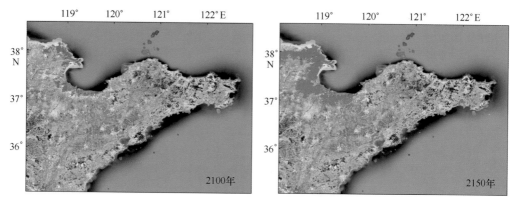

图 5.18 RCP8.5 情景下的山东半岛海岸线后退趋势

综上所述，全球气候变暖引起的单纯海平面高度上升，短期内对海岸带系统的影响相对较小，加之山东半岛处于地壳运动的上升区，目前来看，海平面上升高度对海岸侵蚀的影响较小，但是在泥沙来源持续减少和海岸带遭受侵蚀的大背景下，气候变化引起的诸如台风频次增强等水动力条件的增强，将会对海岸侵蚀产生更为严重的影响。因此，全球气候变暖引起海平面上升而造成的海岸侵蚀是一个缓慢但持续的过程，持续上升的海平面将打破现有的岸线分布状况，重新塑造一个适应新时期海平面的海岸新格局。

对海岸带健康演化造成最大威胁的是不断加剧的人类活动和海岸构筑物的建设。入海泥沙减少的影响相当于海平面的快速上升，造成岸线的快速后退和滩面急剧下蚀。山东半岛大部分的岸线后侧空间被诸如工厂、港口和沿海公路等海岸工程占据，使海岸丧失了向后迁移空间而最终被侵蚀殆尽，而为了防护海岸侵蚀修建的海防工程则彻底隔断了海岸的迁移路线。因此，随着山东半岛岸线不断向海推进并固化，滩面下蚀或将替代岸线后退成为新的侵蚀趋势，而其侵蚀强度也将取决于海岸带的开发利用时间和程度。相对于海平面上升而言，人类活动对海岸侵蚀的影响具有空间上的局部性和时间上的快速性，当人类活动对环境的改变稳定后，海岸侵蚀也能在一定的时间内达到平衡状态。因此，人类活动在短周期内将对局部海岸侵蚀产生重要影响，但随着人类活动的延展性，局部影响或将发展成全局性的威胁。

第6章　山东半岛海岸侵蚀风险评估

　　风险评估是当今社会经济可持续发展的重要环节。对于海岸经济带而言，海岸侵蚀是沿海经济的重大风险之一，进行海岸侵蚀风险评估对于沿海经济健康可持续发展具有重要的意义。海岸的稳定性受诸如海平面上升、波浪潮汐作用增强、风暴潮频率增大等自然因素和流域开发利用拦截泥沙等人类活动的双重影响，造成全球海岸侵蚀呈现日益加剧的趋势。目前，各国根据各自的经济发展水平陆续开展了积极的应对措施，但是由于经济发展水平和应对能力的不同，加之自然地质条件、海洋动力因素复杂多变，导致海岸侵蚀呈现出多因素影响的新形势，其风险评估变得十分复杂。开展新形势下海岸侵蚀的风险评估，制定合理的应对防治措施就显得十分迫切。

　　山东半岛地处黄、渤海经济带，海岸线穿越黄海和渤海两大不同的海洋动力系统，横跨凹陷–隆起两大不同的地质构造单元，同时地方经济发展存在西部、中部和东部的区域性差异，在不同的海洋动力系统和不同海岸开发方式作用下具有明显的异质性。针对海岸侵蚀的威胁，山东省提出了一系列有关海岸侵蚀整治的政策与文件，如在《山东半岛国土空间规划征求意见稿（2021—2035）》中明确提出岸线综合整治与生态化建设，系统推进海岸带的生态修复；2022年2月山东省自然资源厅、山东省发改委等11部门印发《关于建立实施山东省海岸建筑退缩线制度的通知》，要求沿海各市要统筹考虑海岸线类型、海洋灾害、生态环境、亲海空间等要素，科学划定海岸建筑核心退缩线和一般控制线，确保海洋灾害主要影响范围纳入核心退缩区，其中海岸侵蚀是退缩线划定的重要参考因素。因此，针对山东半岛海岸侵蚀广泛分布的特点，开展不同海岸动力过程、自然地质条件与经济驱动下的海岸侵蚀风险评估研究，建立一套适用于山东半岛海岸侵蚀风险评估的指标体系与模型，并进行风险评估与区划，为山东省海岸带可持续发展提供理论指导，助力山东省海洋经济的可持续发展，是十分紧迫和必要的。

6.1　海岸侵蚀风险评估研究进展

海岸侵蚀风险是指区域内发生海岸侵蚀的可能性、海岸侵蚀的程度及影响的范围，也是海岸脆弱性评估的一部分（Nicholls，1995）。海岸侵蚀风险评估，一些专家和研究人员也称之为海岸侵蚀脆弱性评估。脆弱性的概念最早来自20世纪60年代与70年代关于自然灾害的研究（杨国安，2003；Adger，1999），后被广泛应用于自然科学与社会科学领域。在自然科学领域，脆弱性是指由于系统（子系统、系统组分）对系统内外扰动的敏感性以及缺乏应对能力，使得系统在遭受冲击、压力或变化时，其结构和功能容易受到损害的一种属性（李鹤等，2008）。在脆弱性的概念基础上，Gornitz（1991）定义了海岸脆弱性的概念，海岸脆弱性系指海岸带对全球变化、海平面上升及所带来的种种可能的不利影响的承受能力，其含义内容非常广泛，包含生态脆弱性、环境脆弱性和海岸侵蚀脆弱性等。因此，本章在已开展研究的基础上，将海岸侵蚀风险定义为在自然外力和人类活动的影响下，海岸带系统易于受到海岸侵蚀的可能性以及遭受侵蚀后海岸带恢复能力的大小。

6.1.1　评估方法

海岸脆弱性的研究从气候变化和人类活动两方面入手，研究对象逐渐多元化。早期海岸脆弱性研究对象主要集中在沿海地带，包括三角洲、湿地、边缘海、潟湖及潮滩海岸等（Nicholls et al.，1999；季子修等，1994），随着时间的推移，逐渐发展为对红树林系统、珊瑚礁、渔业等特定的自然或生产要素进行评估（王玉图等，2010；Mamauag et al.，2013；Cinner et al.，2013）。海岸脆弱性因素从一开始多关注自然环境因素（Christensen et al.，2004；Metzger et al.，2006），逐步发展为对自然因素与社会经济因素的联合作用的分析。近年来，研究人员越来越关注社会经济及生态因素与海岸侵蚀风险之间的关系。

关于海岸脆弱性的评估方法，当前主要包括IPCC通用方法、PSR模型和CVI模型3种。1992年的IPCC（Intergovernmental Panel on Climate，联合国政府间气候变化专门委员会）-CZMS小组报告考虑了全球变化和海平面上升对海岸带系统各方面的潜在影响，包括人口、经济、生态、社会和粮食生产等方面，并以此建立了全球通用的海岸脆弱性评估模型，在评估各方面影响时使用了许多定量化模型（李恒鹏和杨桂山，2002）。PSR模型是指"压力-状态-响应"（pressure-state-response）模型，其评估指标体系的构建基于指标形成的机理方面，该模型认为海岸带环境作为一种状态，受到一系列"压力"（包括气候变化和人类活动）的影响，导致了"状态"的变化，进而影响着人们在政策上"响应"的变化（邹欣庆，2004）。CVI(coastal vulnerability index)海岸脆弱性指数是一种广泛普及运用的评估方法之一，它是一种简单半定量方法，可以综合评估海岸带脆弱程度的大小或海岸带某方面所受影响的大小。随着人类在海岸带活动的加剧，人类活动逐渐成为影响海岸带环境的主要因素，人们日益了解到影响海岸带脆弱性因素的多样性与复杂性，跨学科的PSR模型因此被应用到脆弱性评估中，成为应用最广泛的方法之一（王腾等，2015）。

6.1.2　指标体系

当前关于海岸侵蚀风险评估的研究中，受到研究区域的尺度和自然环境特征等因素影响，不同的研究人员制订的指标体系中评估指标的选取也各不相同，区域水平的海岸侵蚀评估指标和方法的选取往往受制于数据的可获得性和分析技术方法的适用性，因而研究者在不同区域开展海岸侵蚀风险评估时所选用的指标和方法有所差异。李平等（2021）着重于海岸侵蚀的时空异质性分析，重点突出对海岸侵蚀灾害的预警与防控，并阐述海岸侵蚀概念的内涵与外延，系统总结海岸侵蚀的监测预警技术，以及在我国海岸侵蚀基本特征的基础上，概括总结了海岸侵蚀灾变过程与发展趋势、灾变原因与机理、灾害风险评估与防治对策等方面的研究进展；刘曦和沈芳（2010）在海洋动力与海岸形态特征基础上构建了长江三角洲海岸侵蚀评估体系，为海岸自然环境变迁引起的海岸侵蚀灾害风险评估定义了一种定量化的指标，其局限性在于没有引入人类活动的影响，为单一自然因素尺度的评估，人类对海岸带的合理规划能够降低海岸带的侵蚀风险，而人类对海岸带不合理的开发利用则会加剧海岸侵蚀的发生；刘小喜等（2014）从固有脆弱性（自然因素）与特殊脆弱性（社会因素）两方面构建了评估指标体系，对苏北废黄河三角洲的海岸侵蚀风险进行了评估，结果表明人类活动如滩涂围垦工程、港口工程、护岸工程等逐渐成为影响废黄河三角洲侵蚀脆弱性分布的主导因子；Wang等（2021）根据长江三角洲的海洋动力与社会经济的特征，以行政区划为评估单元，将评估指标分为物理指标（即平均潮差、平均波高、悬浮泥沙浓度、滩涂宽度和海岸坡度）与社会指标（即堤防高度、单位面积GDP和财政收入），进而建立了适用于长江三角洲的海岸侵蚀风险评估指标体系，重点对人口密度和土地利用进行了评估，探究了海岸侵蚀对社会经济的潜在影响；罗时龙（2014）综合考虑了福建省与厦门市的地质环境易损性与社会经济易损性，评估了福建省与厦门市沿岸各评估单元的侵蚀风险，并根据我国海岸侵蚀类型，通过实地考察与研究论证提出了不同的海岸侵蚀防护措施；朱正涛（2019）在普遍运用的层次分析法与模糊综合评估法的基础上，首次引入了高斯云模型的概念，将启发式高斯云变换方法应用于海岸侵蚀脆弱性指标数据分级当中，首次利用多维高斯隶属云函数进行脆弱性指标数据合成，分别采用模糊数据集理论与高斯云模型的理论进行海岸侵蚀脆弱性评估，兼顾了评估过程中的随机性和模糊性，提升了评估结果的科学合理性；Cao 等（2022）根据地质地貌特征类型，将海岸划分为 36 个评估单元，从自然方面（包括构造、地貌、泥沙和风暴潮等）和社会经济方面（人口、GDP 等）选取 10 个指标，并运用云模型理论构建了我国海岸侵蚀脆弱性评估指标体系，结果表明，云模型的指标体系和方法适用于中国大陆海岸侵蚀风险评估。

我国在海岸侵蚀风险评估方面的研究正在快速发展，建立了一套相对较为完整的海岸侵蚀风险评估指标体系和评价方法，也建立了海岸侵蚀等级分级标准等。但是，在目前的海岸侵蚀风险评估中，往往难以衡量评估单元内海岸类型差别带来的侵蚀风险差异，对相关合理指标的设置仍需进一步探讨。同时，由于评估的指标类型多，评估的尺度存在差异，目前尚无统一的评估标准。而评估方法的选择受风险评估时针对的关键问题不同，侵蚀风险的趋势或可预测性仍有待提高（Fitzgerald et al.，2008；Kirwan et al.，2016；Jankowski et al.，2017）。

6.2　风险评估内容

针对海岸类型差异，经济发展不平衡带来的预防风险能力对海岸侵蚀风险评估的影响，山东半岛海岸侵蚀风险的主要评估内容包括以下 3 个方面。

6.2.1　山东半岛海岸侵蚀风险影响因素

基于资料收集与野外调查观测数据，分析山东半岛海岸 2007—2020 年海岸长度变化、岸线类型变化与变迁速率和侵蚀淤进面积变化，研究山东半岛海岸变迁和侵蚀特征与现状。基于前人研究资料，分析山东沿海海洋动力条件；基于 2021 年山东半岛与其所辖各市县的统计年鉴数据，获取山东沿海县市的社会经济情况，分析海岸侵蚀防护能力。

6.2.2　山东半岛海岸侵蚀风险评估指标体系与评估模型

基于层次分析法和模糊综合评价方法，建立山东半岛海岸侵蚀风险评估指标体系与评估模型。

6.2.3 山东半岛海岸侵蚀风险等级与防护建议

基于山东半岛海岸侵蚀风险评估指标体系与评估模型，应用指标数据，评定各评估单元海岸侵蚀风险等级，绘制山东半岛海岸侵蚀风险区划分布图，提出海岸侵蚀防护建议与对策。

6.3 风险评估技术路线

6.3.1 数据来源

搜集已有的与研究区相关的资料，包括区域地质背景、气象水文、海洋动力资料、遥感资料、海图资料、研究区海岸侵蚀已有的研究成果，形成本章的研究理论背景和资料基础。同时，通过前人研究成果、公开的资料数据、报告和统计年鉴等，结合实地的野外调查与监测，获得了山东半岛沿海地区的海岸线类型、海岸线长度、潮差、平均有效波高、相对海平面变化、风暴增水、沿海行政区划、人口、地区生产总值和政府公共预算支出等资料，形成了本研究的本底数据。

6.3.1.1 岸线数据

岸线数据来源见第2章。

6.3.1.2 海洋动力数据

海洋动力数据通过收集潮差、平均有效波高、相对海平面变化速率、风暴增水等指标数据。

1）潮差

潮差数据基于前人研究，参照高飞等（2012）有关山东半岛近海潮汐及潮汐、潮流能的数值评估生成的山东半岛近海平均潮差分布图。

2）平均有效波高

平均有效波高数据参考前人研究获取（左红艳，2014；管轶，2011；姜波等，2017）。

3）相对海平面变化速率

评估单元内的相对海平面变化速率参照《2021年中国海平面公报》（自然资

源部，2021a)和孙瑞川(2021)对山东半岛沿海相对海平面变化速率的计算。

4) 风暴增水

为便于数据获取，风暴增水采用最大增水值，数据来自李健(2021)对黄、渤海风暴潮致灾机理和风险的研究以及吴亚楠(2015)对山东省沿海风暴潮的统计和数值模拟结果。

6.3.1.3 沿海区县社会经济现状数据

沿海各行政区的社会经济数据，包括人口、GDP 和公共预算支出数据等，均存在较大差异(图 6.1 和表 6.1)。截至 2020 年底，全国第七次人口普查表明山东省总人口为 1.0152 亿人，沿海行政区的总人口约为 2586.38 万人，约占全省人口的 25.5%，山东省沿海中部区域人口较多，而西部与东部较少。2020 年，山东省全省 GDP 总量为 73 129 亿元，沿海区域的 GDP 约占全省总量的 36.1%，达 26 389 亿元，GDP 的分布情况与人口分布相同，呈现沿海中部高、东西部低的特点。

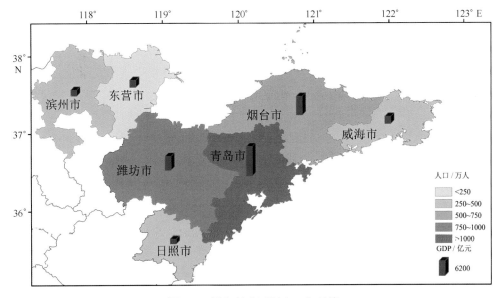

图 6.1 沿海行政区划人口与经济

数据来源：山东省及沿海各地市 2021 年统计年鉴

沿海地区在遭受海岸侵蚀灾害后，政府可以投入灾害恢复和工程建设的能力反映了海岸侵蚀的社会经济承载力与恢复力，在社会经济方面主要体现在政府公共预算支出的大小。结合一般实践经验可知，政府公共预算与地方财政水平呈正相关，因此，青岛、烟台和潍坊等经济发达区域拥有较高的政府公共预算支出，在面临海岸侵蚀威胁的情况下，可以拥有更多的可支配经费来支持海岸侵蚀防护与监测并进行灾后恢复工作。

表 6.1　山东省 2020 年沿海行政单元社会经济数据

行政区	评估单元	人口/万人	GDP/亿元	公共预算支出/亿元
日照	日照市辖区	141.27	1423.43	13.60
青岛	青岛市辖区	720.28	9907.14	1035.24
	胶州市	99.25	1225.86	103.16
烟台	烟台市辖区	251.21	2568.78	490.24
	海阳市	63.18	420.36	44.65
	龙口市	63.36	1093.97	108.01
	莱阳市	84.46	443.99	50.57
	莱州市	83.48	674.08	52.27
	招远市	55.68	697.56	60.17
威海	威海市辖区	137.82	1794.181	160.84
	乳山市	53.61	280.410	27.90
	荣成市	65.19	943.200	63.66
潍坊	潍坊市辖区	293.78	1925.440	351.97
	寿光市	111.02	786.57	108.71
	昌邑市	58.26	450.40	39.97
滨州	滨州市辖区	91.89	630.44	71.89
	无棣县	45.66	237.91	34.33
东营	东营市辖区	113.61	2120.05	129.73
	广饶县	53.39	620.80	53.03

数据来源：山东省及沿海各地市 2021 年统计年鉴。

6.3.2　数据分析

6.3.2.1　岸线解译

岸线解译依据《海岸线调查技术规范》（DB 37/T 3588—2019）。高分辨率影像经过无人机和 RTK 校正并于 ArcGIS 中进行配准，解译了人工岸线、基岩岸线、砂质岸线和粉砂淤泥质岸线，并提取了各类岸线的长度(见第 2 章内容)。

6.3.2.2 岸线变化参数计算

通过对比历史与实测资料分析 2007—2020 年间海岸长度和类型变化、岸线变迁速率、侵蚀淤进面积变化、海岸类型、侵蚀岸段占比等指标数据。

(1)岸线变迁速率计算：具体方法见第 2 章岸线变迁速率相关内容。

(2)侵蚀淤进面积变化计算：具体方法见第 2 章陆域面积变化相关内容。

(3)岸线变化强度计算：岸线变化强度是指区域内岸线长度年均变化的百分比，基于海岸线识别结果，计算各评估区域内的海岸线长度变化，并计算岸线变化强度。岸线变化强度公式为

$$\mathrm{LCI}_{ij} = \frac{(L_j - L_i)}{L_i(j - i)} \times 100 \qquad (6-1)$$

式中，LCI_{ij} 表示第 i 年到第 j 年的岸线变迁强度，其绝对值大小直接反映了岸线的变化强度；L_i、L_j 则代表第 i 年和第 j 年的岸线长度。

(4)海岸类型定量化：根据海岸线类型的解译结果，获取研究区域内的各种海岸类型的占比，通过层次分析法计算各类型海岸线权重，进行加权运算，得到各评价区的海岸类型评分。海岸类型定量化计算公式为

$$X = \sum_{i=1}^{n} L_n w_n \qquad (6-2)$$

式中，X 为评估单元海岸类型评分，L_n 为某一海岸类型长度占总海岸长度的比值，w_n 为海岸类型对应的权重值，权重值基于层次分析法计算获取。

(5)侵蚀岸段占比计算：处于侵蚀状态的岸段在岸线中长度所占比值为侵蚀岸段占比，通过终点速率法计算结果获取。

6.3.2.3 指标体系与模型建立

基于上述资料数据，利用层次分析法和模糊综合评价方法，建立了山东半岛海岸侵蚀风险评估指标体系与模型(图 6.2)。

6.4 海岸侵蚀风险评估

基于历史资料收集和野外调查监测结果，获得山东半岛海岸变迁、海洋动力和社会经济情况，作为海岸侵蚀风险评估的基础数据。通过分析山东半岛海岸变迁过程和海岸侵蚀现状的调查监测结果，可以明确海岸线的变迁情况和侵

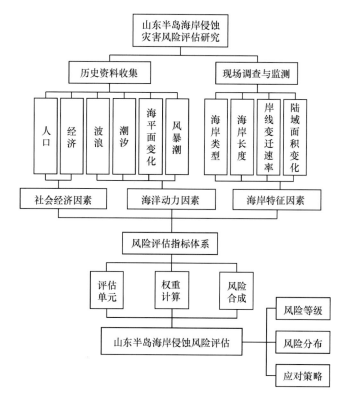

图 6.2　海岸侵蚀风险评估技术路线

蚀特征，结合山东半岛沿海水动力环境、社会经济情况等，指导侵蚀风险评估中的指标选取，提高各指标权重比例的准确性，也为后续风险评估提供指标数据来源。

6.4.1　划定评估单元

划定评估单元服务于评估对象与评估目的。海岸侵蚀风险是定量海岸遭受侵蚀的可能性和程度以及恢复能力大小，服务于海岸带保护与管理。因此，划定山东半岛海岸带侵蚀风险评估的评估单元，应充分考虑山东半岛海岸特点，具体考虑因素如下：

（1）评估指标的可获取性，在进行风险评估时和评估指标在时间和空间上需要有连续性，各项评估指标比较齐全，能够进行风险评估。

（2）海岸侵蚀的风险预防，受各行政管辖区经济状态的影响较大，按各评估指标的掌握程度或分为大尺度（全球和全国）、中尺度（区域级别）和小尺度（地方级别）。

因此，山东半岛海岸侵蚀风险评估应以沿海各市的行政区划为评估单元，具体为将各市沿海区域分为市辖区以及下辖的县级市和县，最终的评估单元总共包含19个单元，下辖7个沿海城市市辖区、10个地级市和2个县，各评估单元分布情况如图6.3所示。

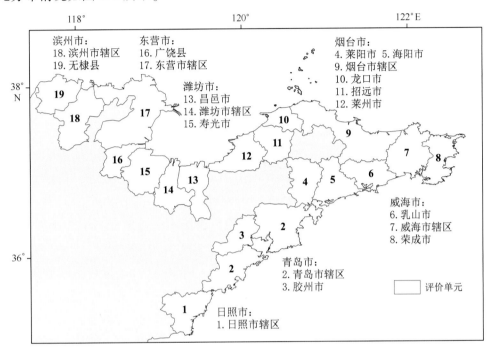

图6.3　评估单元分布

6.4.2　评估指标选取

6.4.2.1　海岸特征指标

1) 海岸变迁速率

海岸侵蚀的发生和过程受到多方面因素影响，既包含自然因素，也包含人为因素。一般自然状态下的海岸带物质输运处于平衡状态，而当加入各种外力作用后，泥沙输运平衡被破坏，极易导致海岸侵蚀发生。海岸变迁速率是指海岸在一段时间内前进或后退的幅度，反映了该时间内的海岸侵蚀或淤积状态。海岸侵蚀常见的计算方法包括终点速率法和面积法。虽然海岸侵蚀在平面上表现为岸线的向陆后退，但是目前在人为围填海等作用下，海岸线往往会向海前进。在此期间，人类活动打破了海岸带自身原有的水沙平衡关系，造成局部岸段水动力增强和泥沙流失，水动力无法冲破坚固的人工岸线转而冲蚀未受保护的自然岸段，造成海岸侵蚀加剧，进而引起海岸侵蚀风险增大。因此，由人类活动主导下的海岸变迁速率无论是向海还是向陆，其绝对值大小均与海岸侵蚀风险成正比。

2）岸线变化强度

岸线变化强度是指区域内岸线长度年均变化的百分比，是一种对岸线长度变迁时空特征的客观反映（李加林等，2019）。岸线变化强度越大，海岸带受到开发利用程度越大，海岸侵蚀风险越高。

3）海岸类型

不同的海岸类型在自然外力和人类活动下，面对海岸侵蚀的抵御能力存在一定的差异。海岸线分为自然岸线和人工岸线，自然岸线还可进一步分为砂质岸线、粉砂淤泥质岸线和基岩岸线，不同海岸类型的海岸侵蚀风险不同。一般认为，自然岸线中，砂质和粉砂淤泥质岸线抵御海岸侵蚀的能力弱于基岩岸线。人工岸线是指人工修筑的，具有人工构筑特点的海岸线（索安宁，2017）。随着人类在海岸带活动的开展，大量自然岸线在人力作用下被破坏或重新构筑，成了人工岸线，且比率在不断上升。根据海岸的利用类型，人工岸线包括建设围堤、码头岸线、农田围堤和养殖围堤等（张琳琳等，2018）。直立式人工海岸会增强局部的波浪作用，造成底部泥沙搬运和侵蚀加剧，养护海滩等平缓的人工岸滩对于风暴潮的缓冲能力较低。但大部分人工海岸的建设选用混凝土或石块，并增设了诸如扭工字防浪等设施，因此，整体风险较低，略弱于基岩岸线。结合山东半岛海岸特点分析，2020年山东半岛以人工岸线为主，在自然岸线中砂质岸线占比最高。前人研究表明，我国砂质海岸侵蚀的程度远高于粉砂淤泥质海岸（蔡锋，2019a），同时山东半岛约有80%的砂质海岸处于侵蚀之中（李广雪等，2013）。

综上所述，在山东半岛的海岸类型中，侵蚀风险从高到低为砂质岸线、粉砂淤泥质岸线、人工岸线、基岩岸线。通过对不同海岸类型的侵蚀风险进行权重赋值，乘以各评估单元内的海岸类型占比，定量化衡量评估单元间海岸类型造成的海岸侵蚀风险差异。

4）侵蚀岸段占比

侵蚀岸段占比为发生侵蚀的岸段长度占岸线总长度的比值，描述的是整体的海岸侵蚀分布情况，侵蚀岸段占比越高，海岸侵蚀风险越高。

海岸特征指标数据见表6.2。

表 6.2　海岸特征指标

行政区	评估单元	海岸变迁速率/(m·a⁻¹)	岸线变化强度/%	海岸类型评分	侵蚀岸段占比
日照	日照市辖区	14.829	1.081	0.177	0.126
青岛	青岛市辖区	20.939	0.134	0.151	0.091
	胶州市	85.873	4.989	0.176	0.038
烟台	烟台市辖区	8.438	0.186	0.157	0.170
	海阳市	11.436	1.162	0.259	0.159
	龙口市	8.351	1.131	0.195	0.203
	莱阳市	44.268	1.481	0.197	0.000
	莱州市	4.907	0.830	0.299	0.151
	招远市	0.220	0.229	0.429	0.333
威海	威海市辖区	29.295	1.311	0.141	0.095
	乳山市	9.948	1.701	0.178	0.126
	荣成市	2.488	0.292	0.147	0.109
潍坊	潍坊市辖区	41.054	1.709	0.072	0.000
	寿光市	1.531	0.288	0.063	0.000
	昌邑市	0.640	0.204	0.074	0.021
滨州	滨州市辖区	2.513	1.658	0.124	0.000
	无棣县	55.554	2.436	0.073	0.000
东营	东营市辖区	21.727	0.073	0.155	0.045
	广饶县	0.002	0.205	0.062	0.000

6.4.2.2　海洋动力指标

1) 潮差

潮汐是天体引潮力带来的海水周期性运动变化。潮汐作用同样是一种重要的海洋机械动力作用，对沿海的物质起到搬运作用。潮差是指在一个潮汐周期内，相邻高潮位与低潮位间的差值(李宏等，2010)。潮差大小受引潮力、地形和其他条件的影响，随时间及地点不同而不同。前人研究表明，潮差越大的海岸，对于风暴增水的抵抗能力越强。因此，潮差的大小对海岸侵蚀的影响呈负相关，潮差越大，风暴潮对海岸侵蚀的影响程度越弱，侵蚀风险越低。

2）平均有效波高

波浪作用是造成海岸侵蚀的主要外力之一，波浪对海岸的冲击以及对于海岸物质的搬运，造成海岸的形态变化。波高是指相邻的波峰和波谷间的垂直距离。平均波高是指一段时间段内，波高的平均值。有效波高是指在所获取的波高值中，按从大到小排列，取前1/3的波浪为有效波，有效波的平均波高即为平均有效波高。波浪由外海传播到近岸，波浪第一次接触海床时候，水深约为波长的一半，由于波浪与海床的摩擦作用，随着水深的减小，波长和波速也逐渐减小，波高逐渐增大，波浪变陡，发生波浪破碎，伴随着两个方向的泥沙输运，一个是沿海岸线方向，另一个是沿垂直岸线方向。

平均波高与波能密度的关系为

$$H = \sqrt{\frac{8\overline{E}}{\rho g}} \qquad (6-3)$$

式中，H 是指有效波高或平均波高，$\overline{E}$ 是波能密度，ρ 为海水密度，g 为重力加速度，由于海水密度和重力加速度固定，由此可知波能密度与平均波高呈正相关。平均波高越大，波能密度越大，波浪作用越强，对海岸物质的搬运能力越强，海岸侵蚀的程度越大，侵蚀风险越高。

3）相对海平面变化速率

海平面是消除各种扰动后海面的平均高度，一般是通过计算一段时间内观测潮位的平均值得到。根据时间范围的不同，有日平均海平面、月平均海平面、年平均海平面和多年平均海平面等。全球海平面变化主要是由海水密度变化和质量变化引起的海水体积改变造成的。全球海平面变化具有明显的区域差异，区域海平面变化除了受全球海平面变化影响外，还受到区域海水质量再分布、淡水通量和陆地垂直运动等因素的影响。海平面上升使得海岸侵蚀的程度加剧，被侵蚀海岸的保护和修复难度也随之增大，同时对港口最大通行能力、碎波线位置和防波堤越浪量等均产生影响。因此，相对海平面变化速率越大，海岸侵蚀风险越高。

4）风暴增水

风暴增水是山东半岛主要的海洋灾害类型之一。风暴潮，也称风暴增水，是由于强气压等因素造成的海水异常升降（王喜娜，2016）。风暴潮相关研究结果表明，风暴潮造成水位上升和波浪作用的剧烈增强，使得近岸泥沙遭受的搬运作用大大增强，导致强烈的海岸侵蚀发生。山东半岛因其地形特点和地理位

置，极易受到风暴增水的影响。因此，将风暴增水作为山东半岛海岸侵蚀风险
评估中的海洋动力指标之一。

海洋动力指标数据见表6.3。

表6.3 海洋动力指标

行政区	评估单元	平均潮差/ m	平均有效波高/ m	相对海平面上升速率/ （mm·a⁻¹）	风暴增水/ m
日照	日照市辖区	3.000	0.300	3.730	1.300
青岛	青岛市辖区	2.600	0.300	3.730	1.300
	胶州市	2.600	0.100	3.730	1.300
烟台	烟台市辖区	1.000	0.200	4.250	1.450
	海阳市	2.400	0.400	3.730	1.400
	龙口市	0.800	0.400	5.800	1.700
	莱阳市	2.400	0.300	5.800	1.400
	莱州市	1.000	0.200	3.730	2.000
	招远市	0.800	0.400	5.800	1.700
威海	威海市辖区	1.000	0.200	3.730	1.200
	乳山市	2.200	0.200	3.730	1.200
	荣成市	1.500	0.200	3.730	1.000
潍坊	潍坊市辖区	1.000	0.200	5.800	2.400
	寿光市	1.000	0.200	5.800	2.400
	昌邑市	1.00	0.200	5.800	2.400
滨州	滨州市辖区	0.500	0.300	5.800	1.200
	无棣县	0.500	0.300	5.800	1.200
东营	东营市辖区	1.000	0.400	5.800	1.800
	广饶县	1.000	0.200	5.800	1.800

6.4.2.3　社会经济指标

1）人口密度

人口密度反映了区域内人类的密度，也可用于反映海岸带人类活动的强度。人口密度越大的地方，人类对海岸带开发利用的强度越高，海岸侵蚀风险越高。同时，人口密度大的区域，遭受海岸侵蚀的潜在损失也高。

2）人均 GDP

人均 GDP 反映了区域内的经济发展水平，海岸侵蚀对社会经济带来的影响直观体现在对沿海经济社会的影响上。人均 GDP 越高，该地区的社会经济发展水平越高，对于海岸侵蚀带来损失的恢复适应能力越强，海岸侵蚀风险相应也低。

3）政府公共预算支出

政府公共预算支出越高，可支出进行海岸带管理的财政经费越大，对海岸带的合理规划以及建立相应的海岸带监测预警体系，能够降低海岸侵蚀的风险。因此，政府公共预算支出越高，海岸侵蚀风险越低。

社会经济指标数据见表 6.4。

表 6.4　社会经济指标

行政区	评估单元	人口密度/ （人·km^{-2}）	人均 GDP/ 万元	公共预算支出/ 亿元
日照	日照市辖区	746.757	10.076	13.603
青岛	青岛市辖区	1480.318	13.755	1035.236
	胶州市	756.346	12.351	103.156
烟台	烟台市辖区	653.257	10.226	490.241
	海阳市	351.711	6.654	44.655
	龙口市	711.438	17.267	108.010
	莱阳市	495.386	5.257	50.572
	莱州市	466.828	8.075	52.274
	招远市	387.918	12.528	60.169
威海	威海市辖区	595.572	13.019	160.837
	乳山市	335.790	5.231	27.895
	荣成市	406.772	14.468	63.660

续表

行政区	评估单元	人口密度/ (人·km⁻²)	人均GDP/ 万元	公共预算支出/ 亿元
潍坊	潍坊市辖区	1862.210	6.554	351.972
	寿光市	531.901	7.085	108.708
	昌邑市	357.110	7.730	39.968
滨州	滨州市辖区	391.396	6.861	71.891
	无棣县	274.817	5.210	34.331
东营	东营市辖区	255.136	18.661	129.734
	广饶县	485.875	11.628	53.028

6.4.3　评估指标体系

6.4.3.1　指标体系构建原则

在系统科学中，评估指标体系是由多个指标构成的有机整体，这些指标用来描述评估对象的各个方面特征及其相互关系，并且它们之间具有内在的结构和联系(韦云龙，2019)。构建评估指标体系是进行各类评估工作的基础，目的是通过对原始数据的分析和整合，获取相应的指标，有助于人们判断、理解某个系统的状态。海岸侵蚀风险评估指标体系是以海岸侵蚀指标为基础构建的体系，目的是定量并分级划分海岸侵蚀各项指标。针对山东半岛海岸侵蚀现状和影响因素，构建合理、完整和科学的海岸侵蚀风险评估指标体系，可以得出科学的结论，定量化反映山东半岛内各评估单元的海岸侵蚀风险。

为使指标体系规范化和科学化，构建海岸侵蚀风险评估指标体系需要考虑以下几点原则：

(1)系统性原则。海岸侵蚀是一个复杂的过程，既包含自然的作用力，也受到人类社会经济活动的影响。因此，在构建海岸侵蚀风险评估体系时，需要充分考虑到自然因素与人类因素来构建综合性评估体系，此外指标数量宜少不宜多，宜简不宜繁。

(2)典型性原则。评估指标之间相互独立又相互关联，因此在指标选取过程中，需要指标有一定的典型性和代表性，能够反映该区域内海岸侵蚀的特征，同时又需要有一定的独立性，指标之间不存在因果关系。

(3)动态性原则。海岸侵蚀是一个长期化的过程，自然因素和人类因素对海岸的影响是一个动态化的过程，外力作用对海岸侵蚀的影响是逐步产生的，往往需要经过一定的时间尺度，因此评估指标体系中应选取能反映一定时间尺度内变化的指标。

(4)数据可获取性。评估指标数据应该有可靠的数据来源，且易于操作，数据在时间和空间上具有连续性，可以服务于区域内海岸侵蚀风险评估。

6.4.3.2 指标体系

根据评估指标体系构建原则，综合考虑海岸侵蚀现状及社会经济恢复能力，建立山东半岛海岸侵蚀风险评估指标体系(图6.4)。该体系共分为3个准则层和11个指标层。准则层分为海岸特征、海洋动力和社会经济。评估指标分为海岸变迁速率、岸线变化强度、海岸类型、侵蚀岸线占比、潮差、平均有效波高、海平面变化、风暴增水、人口密度、人均GDP、政府公共预算支出。数据来源为岸线数据处理结果和文献资料收集。

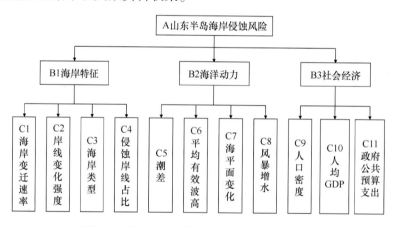

图6.4 山东半岛海岸侵蚀风险评估指标体系

6.4.4 指标分级

每个指标都对应于现实中的某种状态，这些指标的状态有的风险小，有的风险大，需要根据调查现状对每项指标进行分级评价，表明各指标现在处于某种状态。指标的分级过去很多都是人们依据指标内部的特征，按照一定的数学与统计学原理，选择适宜的方法进行分级，有些采用的是主观划分，分级后检验的一致性较差，造成评估结果对于不同专业的人来说差距较大。因此，需要针对不同的评估目的选择合适的指标分析方法。

目前，在评估指标分级过程中，最常见的分级方法包括等间距分级、分数分级、标准差分级、自然断点法分级和高斯云变换分级等（葛全胜等，2008）。对于山东半岛海岸侵蚀风险评估指标分级，采用自然断点法分级较为适宜。自然断点法分级是根据数据内部的自然特征，确定数据分级的断点值，这些断点一般为数据集中非人为因素存在的断点或转折点，能够反映数据集的离散分布情况，能使分级类别之间的差异最大化，而让同一级别中的数据差异最小化，使得分级结果具有较高的区分度。

自然断点法的计算过程如下。

（1）计算数据的偏差平方和 Q：

$$Q = \sum_{i=1}^{n} (x_i - \bar{x})^2 \qquad (6-4)$$

式中，x_i 为数据集中第 i 个数据，$\bar{x}$ 为数据的均值。

（2）根据数据分组数量，迭代计算所有范围组合的偏差平方和 Q_i。

（3）计算方差拟合优度 GVF：

$$GVF = Q - Q_i/Q$$

GVF 的数值位于 0~1 范围内，数值越接近 1，表明分级效果越好。

根据现状调查资料，研究区评估体系中各指标数据分级结果如表 6.5 所示。

6.4.5　权重计算

评估指标体系划定的评估指标类别很多，其作用和原理各不相同，且在评估中的影响程度也各有差异，需要通过对不同的评估指标赋予不同的权重，以衡量指标间的相对重要程度和区分指标间的差异性。

指标权重赋值时，需要建立目标层、准则层和指标层，计算不同层的权重时需采用不同的方法。目前计算指标权重的方法可以分为主观、客观和主客观结合 3 类。主观经验法主要依据专家和研究人员在长时间研究过程的经验，判断各项指标所占权重，其特点是简便快捷；客观法是应用数学和统计学方法，以明确指标权重赋值结果，其结果更加科学性和系统性，不依赖人的主观判断；主客观结合是指在人的认知经验基础上，结合数学和统计学方法，实现兼顾人的主观经验和数据之间的客观差异，结果更可靠，可以更好地解决实际问题。

表 6.5　评估指标分级

准则层	指标	很低	低	一般	高	很高
海岸特征	海岸变迁速率	[0.002, 4.907)	[4.907, 14.929)	[14.929, 29.295)	[29.295, 55.554]	[55.554, 85.873]
	岸线变化强度	[0.072, 0.134)	[0.134, 0.292)	[0.292, 1.481)	[1.481, 2.436)	[2.436, 4.989]
	海岸类型	[0, 0.0745)	[0.0745, 0.124)	[0.124, 0.157)	[0.157, 0.259)	[0.259, 0.429]
	侵蚀岸段占比	—	[0, 0.045)	[0.045, 0.13)	[0.13, 0.20)	[0.20, 0.333]
	潮差/m	[0.5, 1)	[1, 1.5)	[1.5, 2.6)	[2.6, 3]	—
海洋动力	平均波高/m	[0.1, 0.132)	[0.132, 0.220)	[0.220, 0.307)	[0.307, 0.394)	[0.394, 0.4]
	相对海平面变化速率/(mm·a^{-1})	[3.730, 4.089)	[4.089, 4.594)	[4.594, 5.1)	[5.1, 5.605)	[5.605, 5.8]
	风暴增水极值/m	[1, 1.1)	[1.1, 1.3)	[1.3, 1.45)	[1.45, 2)	[2, 2.4]
社会经济	人口密度/(人·km^{-2})	[255.136, 274.817)	[274.817, 406.772)	[406.772, 595.572)	[595.572, 756.346]	[756.346, 1862.21]
	人均GDP/万元	[5.210, 5.257)	[5.257, 8.075)	[8.075, 11.628)	[11.628, 14.468)	[14.468, 18.661]
	公共预算支出/亿元	[13.603, 39.968)	[39.968, 71.891)	[71.891, 160.837)	[160.837, 490.24)	[490.24, 1035.236]

山东半岛海岸侵蚀风险评估采用的是层次分析法进行权重赋值。层次分析法(analytic hierarchy process, AHP)是 20 世纪 70 年代美国运筹学家萨蒂教授提出的方法,将评估目标分解成目标层、准则层和决策层,在此基础上利用数理统计学方法,将难以定量化描述的目标进行定性和定量化计算。层次分析法是一种主客观结合的权重赋值方法,它通过构建一个层次模型,将人的主观经验利用数学方法定量化,把人的主观思维客观化,并尽量消除主观判断的影响,使结果更加科学有效,能够更好地服务于评估指标体系。利用层次分析法计算权重的实施过程如下。

1)建立层次结构模型

依据从属关系,自上而下建立目标层、准则层和指标层,将需要研究的问题中的各种影响因素归结于不同的层次中,确定各层之间的相互关系。同一层次的因素从属于上一层次,又受到下一层次的影响。一般来说,层次模型只包含 3 层,在某些情况下,准则层也可为 4 层。层次结构模型如图 6.5 所示。

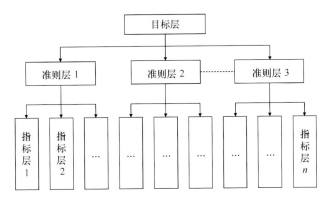

图 6.5　层次结构模型

2)构建两两判断矩阵

在构建层次结构模型后,根据人的主观经验判断,在各层元素中进行两两比较,构建比较判断矩阵。比较判断矩阵可以衡量本层次与上一层次相关因素之间的相对重要性,并以此相对重要性为依据来计算权重值。

以 A 表示目标层,B_i 和 C_i 分别表示准则层和指标层中的各项指标($i=1$, 2, $\cdots$, n),A 针对 B_i 构造两两判断矩阵,需要在目标 A 的前提下将 $B_1 \sim B_n$ 中指标进行两两比较,建立矩阵(表 6.6),并用 1~9 标度法确定其相对重要性大小(表 6.7)。B 针对 C 构造两两判断矩阵的过程同上。

表 6.6　两两判断矩阵

A	B_1	B_2	…	B_n
B_1	b_{11}	b_{12}	…	b_{1n}
B_2	b_{21}	b_{22}	…	b_{2n}
…	…	…	b_{ij}	…
B_n	b_{n1}	b_{n2}	…	b_{nn}

表 6.7　1~9 标度法及其含义

标度 b_{ij}	含义
1	两个指标同等重要
3	因素 i 比 j 略微重要
5	因素 i 比 j 较为重要
7	因素 i 比 j 非常重要
9	因素 i 比 j 特别重要
2、4、6、8	因素 i 比 j 的重要性介于上述值之间
1、1/3、1/5、1/7、1/9	指标 i 比 j 判断重要性的倒数

3）计算权重值

由线型代数计算原理可知，判断矩阵 P 的归一化特征向量 W 即为各指标权重向量。

首先对判断矩阵 P 每一列进行归一化，生成归一化矩阵 $\overline{P}$，式（6-5）为归一化公式：

$$\overline{p}_{ij} = \frac{b_{ij}}{\sum_{i=1}^{n} b_{ij}} \qquad (6-5)$$

随后对归一化矩阵 $\overline{P}$ 的每一行求取算术平均值：

$$w_i = \frac{\overline{p}_{ij}}{\sum_{j=1}^{n} \overline{p}_{ij}} \qquad (6-6)$$

得到特归一化特征向量 $W = (w_1, w_2, \cdots, w_n)^{\mathrm{T}}$，其中，$w_i$ 即为第 i 个指标

所占权重。

4）一致性检验

上述求取的权重值是否合理，还需进行一致性检验。若一致性检验通不过，则需重新构造判断矩阵。

首先求取最大特征值，依据公式（6-7）：

$$\lambda_{max} = \sum_{i=1}^{n} \frac{(PW)_i}{nw_i} \qquad (6-7)$$

式中，PW 为矩阵运算。

随后计算 CI 和 CR，进行一致性判断，依据公式（6-8）和公式（6-9）：

$$CI = \frac{\lambda_{max-n}}{n-1} \qquad (6-8)$$

$$CR = \frac{CI}{RI} \qquad (6-9)$$

式中，RI 的值查表6.8可知。

表 6.8 不同阶数矩阵 RI 数值

矩阵阶数	1	2	3	4	5	6	7	8	9
RI 数值	0.00	0.00	0.58	0.90	1.12	1.24	1.32	1.41	1.45

依据上述实施过程，本章的层次结构模型见上文，两两判断矩阵、特征向量与一致性检验结果如下。

$$A = \begin{bmatrix} 1 & 1 & 1 \\ 1 & 1 & 1 \\ 1 & 1 & 1 \end{bmatrix}, w = \begin{bmatrix} 0.333 \\ 0.333 \\ 0.333 \end{bmatrix}, \lambda_{max} = 3, CI = 0, CR = 0 < 0.1$$

$$B_1 = \begin{bmatrix} 1 & 1 & 3 & 5 \\ 0.5 & 1 & 2 & 5 \\ 1/3 & 1/2 & 1 & 1/7 \\ 3 & 3 & 7 & 1 \end{bmatrix}, w = \begin{bmatrix} 0.4256 \\ 0.3538 \\ 0.0688 \\ 0.1518 \end{bmatrix},$$

$$\lambda_{max} = 4.022, CI = 0.007, CR = 0.008 < 0.1$$

$$B_2 = \begin{bmatrix} 1 & 0.2 & 3 & 0.2 \\ 5 & 1 & 7 & \dfrac{1}{3} \\ 1/3 & 1/7 & 1 & \dfrac{1}{7} \\ 5 & 3 & 7 & 1 \end{bmatrix}, \quad w = \begin{bmatrix} 0.0993 \\ 0.3119 \\ 0.0485 \\ 0.5403 \end{bmatrix},$$

$$\lambda_{\max} = 4.228, \quad CI = 0.076, \quad CR = 0.086 < 0.1$$

$$B_3 = \begin{bmatrix} 1 & 1/3 & 1/7 \\ 3 & 1 & 1/5 \\ 7 & 5 & 1 \end{bmatrix}, \quad w = \begin{bmatrix} 0.0810 \\ 0.1884 \\ 0.7306 \end{bmatrix},$$

$$\lambda_{\max} = 3.065, \quad CI = 0.032, \quad CR = 0.062 < 0.1$$

由此计算出各指标权重如表6.9和表6.10所示。

表6.9 准则层权重计算结果

目标层	山东半岛海岸侵蚀风险		
准则层	海岸特征	海洋动力	社会经济
权重	0.3333	0.3333	0.3333

表6.10 指标层权重计算结果

准则层	指标层	权重
海岸特征	海岸变迁速率	0.4256
	岸线变化强度	0.3538
	海岸类型	0.0688
	侵蚀岸段占比	0.1518
海洋动力	潮差	0.0993
	平均有效波高	0.3119
	相对海平面变化速率	0.0485
	风暴增水	0.5403
社会经济	人口密度	0.0810
	人均GDP	0.1884
	政府公共预算支出	0.7306

研究表明，海岸特征、海洋动力和社会经济要素对海岸侵蚀风险的贡献是一致的，其相对重要性相同，各占 1/3。在海岸特征指标中，海岸变迁速率对海岸侵蚀的贡献度最大，其权重值为 0.4256；岸线变化强度权重次之，为 0.3538；海岸类型占比最低，为 0.0688；侵蚀岸段占比权重为 0.1518。在海洋动力指标中，风暴增水影响程度最高，占 0.5403；其次为平均有效波高，其对海岸侵蚀贡献度占比为 0.3119；潮差权重值为 0.0993；相对海平面变化速率贡献最低，权重值为 0.0485。在社会经济要素指标中，最低的为人口密度，占比为 0.0810；人均 GDP 的权重为 0.1884；最大的是政府公共预算支出，其权重达 0.7306。

6.4.6　评估模型

风险评估模型是指依据一定的数学计算模型进行指标的分级评定。海岸侵蚀风险评估，是在 3 类准则（海岸特征、海洋动力和社会经济）的基础上，依据一定的方法进行风险评估的过程，评估结果应满足海岸侵蚀的现状和管理需求。因此，指标数据合成，是海岸侵蚀风险评估中最重要的一部分。其中，选择合适的数据合成方法，又是关键的一步。

目前，可以采用的评估模型很多，包括指数模型、模糊集理论和云模型等。最常用的模型是指数模型，后继研究人员又相继提出了 H 模型和 Risk 模型等（Peduzzi et al.，2009）。随着时代的发展，一些数理统计学方法被引入了指标数据合成中，如概率统计模型和模糊集数据模型等。近年来，模糊集理论在多个领域已有广泛应用，在地质环境、地质灾害、水资源等方面（Özkan et al.，2020；Maués et al.，2020；许锐等，2023；袁名康，2020），均有不错的评估结果。

在客观世界中，对象之间的关系分为 3 类：一是对象之间具有确定性的关系，对象之间有必然的关联；二是对象之间具有随机的关系，对象之间的关系具有不确定性；三是对象之间具有模糊的关系，对象之间关系模糊，难以轻易描述。在生活中，有很多的概念具有模糊性，如年轻、很大、傍晚等，这些概念本身是模糊的，没有具体的定义，很难简单地用是与否来回答。模糊集即是描述上述对象之间模糊关系的集合，是有某种模糊属性的对象的集合。利用模糊集理论，可以将模糊的现实概念数学化，实现了由模糊向具体的转化，进而实现了由定性向定量的转化。在海岸侵蚀风险评估中，许多概念也具有模糊性的特征，如侵蚀风险的大小和各项评估指标的大小等，因此，需要引入模糊集的理论。参考前人研究成果，本章采用模糊集理论进行指标数据计算。

1965 年，美国控制论专家扎德（Zadeh，1965）给出了模糊集的定义：

设论域 U，U 到单位区间 $[0, 1]$ 中的一个映射：

$$\mu_A: U \to [0, 1]$$

称为 U 的一个模糊集 A，其中，μ_A 为 A 的隶属函数，对于

$$x \in U, \mu \to \mu_A(x)$$

则称 $\mu_A(x)$ 为元素 x 对模糊集 A 的隶属度。隶属度反映了元素对模糊集的隶属程度大小，其数值大小介于 0~1 之间，0 为完全不隶属，1 为完全隶属。

利用模糊集理论进行数据合成，先计算出每个指标的权重值，之后选择合适的隶属度函数，代入指标值后，计算出指标的隶属度，进而构建模糊关系矩阵，随后将模糊关系矩阵与指标权重进行合成，得到各等级评估结果，随后将其与等级参数向量模糊合成，得到各个评估单元的模糊综合结果。具体过程如下：

(1)计算权重值，采用层次分析法，计算方法与结果见第 6.4.5 节。

(2)确定隶属度函数。隶属度函数用于确定指标对于上一层模糊集合的隶属度值，确定隶属度函数后才能计算出指标的隶属度值，从而构建模糊关系矩阵。确定隶属度函数的方法，包含直观法、二元对比排序法和模糊综合统计法。直观法是基于人们对于模糊概念的认识，凭借主观的经验判断选取隶属度函数；二元对比排序法是通过对多个对象进行两两对比来确定某种特征下的顺序，由此来决定这些对象对该特征的隶属程度；模糊综合统计法是通过模糊概念所占比例确定隶属度函数。目前常见的隶属度函数分为偏大型、偏小型和中间型隶属度函数，对函数图像分类，又可分为梯形、矩阵形、抛物线形和正态形等多种形态类型。

本章选取的海岸侵蚀风险评估指标，其分布情况均符合正态分布的特征。故而选取正态形隶属度函数计算指标层的隶属度，构建模糊关系矩阵，随后模糊运算出准则层的目标层的数据合成结果。选取的隶属度函数为

$$\widetilde{A} = e^{-\frac{(x-a_m)^2}{2\sigma^2}} \tag{6-10}$$

式中，a_m 为指标划分的等级区间的平均值，$m = 1, 2, 3, \cdots, n$；σ 为标准差。其图像如图 6.6 所示。指标数值 x 与各个正态分布曲线相交，即可计算出对于指标各等级的隶属度。

(3)构建模糊关系矩阵。通过隶属度函数运算出各个指标对各个等级的隶属度，以此建立隶属度关系矩阵：

$$\boldsymbol{R} = \begin{bmatrix} r_{11} & \cdots & r_{1n} \\ \vdots & & \vdots \\ r_{m1} & \cdots & r_{mn} \end{bmatrix}$$

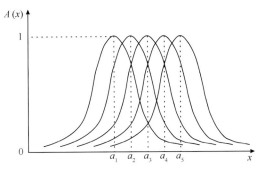

图 6.6　隶属度函数图像

矩阵中，r_{mn} 数值介于 0 与 1 之间，表示第 m 个对象对第 n 个等级的隶属度。

根据现状调查资料，各评估单元各隶属度矩阵见表 6.11~表 6.13。

（4）数据合成。首先将模糊关系矩阵与指标权重进行合成，生成各准则层的隶属度矩阵，然后将准则层的隶属度矩阵与准则层的权重模糊合成为目标层的决策集 F。

模糊合成形式为

$$F = W°R \qquad\qquad (6-11)$$

式中，°为合成运算。

随后将决策集与等级参数向量 $C = [1，2，3，4，5]^{\mathrm{T}}$ 进行矩阵运算，即可获得准则层和目标层的模糊运算结果。

山东半岛海岸侵蚀风险评估包含海岸特征、海洋动力和社会经济 3 个准则层，通过对 3 个准则层中各个指标进行模糊合成，计算出 3 个准则层的模糊得分，之后将其合成为海岸侵蚀风险模糊得分。

以日照市为例说明海岸侵蚀风险模糊得分计算过程。上文在日照市海岸特征的隶属度矩阵中，海岸变迁速率、岸线变化强度、海岸类型和侵蚀岸段占比等级为很低的隶属度分别为 0.251、0.202、0.0978 和 0，将其分别乘以指标权重 0.4256、0.3538、0.0688、0.1518，加权运算得到 0.1850，即为准则层的海岸特征对应很低等级的隶属度值，以此类推计算准则层隶属度矩阵的值，日照市海岸特征 5 个等级的隶属度分别为 0.185、0.247、0.306、0.226 和 0.036，将其分别乘以等级参数向量值 1、2、3、4、5，相加得到日照市辖区海岸特征模糊综合的得分为 2.680，随后同样过程可以计算得到日照市辖区的海洋动力和社会经济得分分别为 2.776 和 3.586，3 个准则层得分乘以其权重 0.3333，加权合成日照市辖区的海岸侵蚀风险得分 3.014。

表6.11 海岸特征指标归一化隶属度矩阵

行政区	评估单元	海岸变迁速率隶属度					岸线变化强度隶属度					海岸类型隶属度					侵蚀岸段占比隶属度				
		很低	低	一般	高	很高	很低	低	一般	高	很高	很低	低	一般	高	很高	很低	低	一般	高	很高
日照	日照市辖区	0.251	0.291	0.291	0.151	0.015	0.202	0.220	0.304	0.247	0.026	0.098	0.227	0.305	0.312	0.058	0.000	0.196	0.349	0.350	0.106
青岛	青岛市辖区	0.202	0.258	0.304	0.206	0.030	0.323	0.322	0.261	0.091	0.002	0.138	0.264	0.311	0.256	0.031	0.000	0.287	0.386	0.275	0.053
	胶州市	0.000	0.001	0.010	0.112	0.876	0.000	0.000	0.001	0.030	0.968	0.099	0.229	0.305	0.310	0.057	0.000	0.441	0.382	0.162	0.015
烟台	烟台市辖区	0.303	0.317	0.268	0.105	0.007	0.317	0.318	0.266	0.097	0.003	0.130	0.257	0.311	0.267	0.035	0.000	0.105	0.268	0.408	0.219
	海阳市	0.279	0.306	0.280	0.125	0.010	0.191	0.210	0.303	0.265	0.032	0.022	0.095	0.194	0.395	0.295	0.000	0.124	0.290	0.399	0.186
	龙口市	0.304	0.317	0.268	0.104	0.007	0.195	0.214	0.303	0.258	0.029	0.074	0.197	0.292	0.349	0.089	0.000	0.059	0.195	0.409	0.338
	莱阳市	0.052	0.097	0.210	0.397	0.244	0.147	0.167	0.288	0.334	0.064	0.072	0.194	0.290	0.352	0.092	0.000	0.544	0.348	0.102	0.006
	莱州市	0.331	0.327	0.252	0.085	0.005	0.236	0.252	0.302	0.196	0.014	0.008	0.046	0.116	0.334	0.496	0.000	0.141	0.307	0.389	0.162
	招远市	0.368	0.337	0.230	0.063	0.003	0.312	0.314	0.269	0.102	0.003	0.000	0.002	0.008	0.069	0.921	0.000	0.002	0.024	0.175	0.799
威海	威海市辖区	0.138	0.203	0.297	0.291	0.072	0.171	0.190	0.298	0.297	0.044	0.157	0.277	0.309	0.233	0.024	0.000	0.278	0.384	0.282	0.056
	乳山市	0.291	0.311	0.274	0.115	0.009	0.119	0.137	0.267	0.378	0.099	0.096	0.226	0.304	0.314	0.059	0.000	0.197	0.350	0.349	0.105
	荣成市	0.350	0.333	0.241	0.073	0.003	0.304	0.309	0.273	0.110	0.004	0.147	0.270	0.310	0.245	0.027	0.000	0.240	0.371	0.313	0.075
潍坊	潍坊市辖区	0.067	0.118	0.235	0.386	0.195	0.118	0.136	0.266	0.379	0.101	0.314	0.323	0.253	0.107	0.003	0.000	0.544	0.348	0.102	0.006
	寿光市	0.358	0.335	0.236	0.068	0.003	0.305	0.309	0.273	0.109	0.004	0.337	0.324	0.242	0.095	0.003	0.000	0.544	0.348	0.102	0.006
	昌邑市	0.365	0.336	0.232	0.064	0.003	0.315	0.316	0.267	0.099	0.003	0.308	0.323	0.256	0.110	0.004	0.000	0.487	0.370	0.134	0.010
滨州	滨州市辖区	0.350	0.333	0.241	0.073	0.003	0.124	0.143	0.272	0.370	0.091	0.192	0.295	0.301	0.197	0.015	0.000	0.544	0.348	0.102	0.006
	无棣县	0.018	0.041	0.119	0.369	0.453	0.043	0.053	0.156	0.424	0.325	0.311	0.323	0.254	0.108	0.003	0.000	0.544	0.348	0.102	0.006
东营	东营市辖区	0.196	0.253	0.304	0.214	0.033	0.329	0.327	0.256	0.085	0.002	0.132	0.259	0.311	0.265	0.034	0.000	0.419	0.387	0.176	0.018
	广饶县	0.370	0.337	0.229	0.062	0.003	0.315	0.316	0.267	0.099	0.003	0.339	0.324	0.241	0.094	0.002	0.000	0.544	0.348	0.102	0.006

表 6.12　海洋动力指标归一化隶属度矩阵

行政区	评估单元	平均潮差隶属度					平均有效波高隶属度					相对海平面变化速率隶属度					风暴增水隶属度				
		很低	低	一般	高	很高	很低	低	一般	高	很高	很低	低	一般	高	很高	很低	低	一般	高	很高
日照	日照市辖区	0.011	0.054	0.310	0.626	0.000	0.043	0.135	0.324	0.301	0.196	0.353	0.299	0.195	0.099	0.054	0.239	0.275	0.279	0.174	0.032
青岛	青岛市辖区	0.030	0.111	0.383	0.475	0.000	0.043	0.135	0.324	0.301	0.196	0.353	0.299	0.195	0.099	0.054	0.239	0.275	0.279	0.174	0.032
	胶州市	0.030	0.111	0.383	0.475	0.000	0.519	0.368	0.100	0.011	0.002	0.353	0.299	0.195	0.099	0.054	0.239	0.275	0.279	0.174	0.032
烟台	烟台市辖区	0.399	0.399	0.171	0.030	0.000	0.237	0.355	0.286	0.090	0.033	0.256	0.270	0.228	0.150	0.097	0.185	0.240	0.280	0.232	0.063
	海阳市	0.049	0.153	0.405	0.393	0.000	0.003	0.020	0.140	0.387	0.451	0.353	0.299	0.195	0.099	0.054	0.203	0.253	0.281	0.212	0.051
	龙口市	0.461	0.392	0.130	0.018	0.000	0.003	0.020	0.140	0.387	0.451	0.057	0.115	0.209	0.295	0.324	0.104	0.165	0.243	0.322	0.165
	莱阳市	0.049	0.153	0.405	0.393	0.000	0.043	0.135	0.324	0.301	0.196	0.057	0.115	0.209	0.295	0.324	0.203	0.253	0.281	0.212	0.051
	莱州市	0.399	0.399	0.171	0.030	0.000	0.237	0.355	0.286	0.090	0.033	0.353	0.299	0.195	0.099	0.054	0.038	0.077	0.150	0.350	0.385
	招远市	0.461	0.392	0.130	0.018	0.000	0.003	0.020	0.140	0.387	0.451	0.057	0.115	0.209	0.295	0.324	0.104	0.165	0.243	0.322	0.165
威海	威海市辖区	0.399	0.399	0.171	0.030	0.000	0.237	0.355	0.286	0.090	0.033	0.353	0.299	0.195	0.099	0.054	0.276	0.293	0.270	0.140	0.020
	乳山市	0.076	0.201	0.411	0.312	0.000	0.237	0.355	0.286	0.090	0.033	0.353	0.299	0.195	0.099	0.054	0.276	0.293	0.270	0.140	0.020
	荣成市	0.242	0.363	0.299	0.097	0.000	0.237	0.355	0.286	0.090	0.033	0.353	0.299	0.195	0.099	0.054	0.349	0.316	0.241	0.086	0.007
潍坊	潍坊市辖区	0.399	0.399	0.171	0.030	0.000	0.237	0.355	0.286	0.090	0.033	0.057	0.115	0.209	0.295	0.324	0.006	0.017	0.047	0.230	0.700
	寿光市	0.399	0.399	0.171	0.030	0.000	0.237	0.355	0.286	0.090	0.033	0.057	0.115	0.209	0.295	0.324	0.006	0.017	0.047	0.230	0.700
	昌邑市	0.399	0.399	0.171	0.030	0.000	0.237	0.355	0.286	0.090	0.033	0.057	0.115	0.209	0.295	0.324	0.006	0.017	0.047	0.230	0.700
滨州	滨州市辖区	0.547	0.364	0.082	0.008	0.000	0.043	0.135	0.324	0.301	0.196	0.057	0.115	0.209	0.295	0.324	0.276	0.293	0.270	0.140	0.020
	无棣县	0.547	0.364	0.082	0.008	0.000	0.043	0.135	0.324	0.301	0.196	0.057	0.115	0.209	0.295	0.324	0.276	0.293	0.270	0.140	0.020
东营	东营市辖区	0.399	0.399	0.171	0.030	0.000	0.003	0.020	0.140	0.387	0.451	0.057	0.115	0.209	0.295	0.324	0.078	0.134	0.216	0.345	0.228
	广饶县	0.399	0.399	0.171	0.030	0.000	0.237	0.355	0.286	0.090	0.033	0.057	0.115	0.209	0.295	0.324	0.078	0.134	0.216	0.345	0.228

表 6.13 社会经济指标归一化隶属度矩阵

行政区	评估单元	人口密度隶属度					人均 GDP 隶属度					政府公共预算隶属度				
		很低	低	一般	高	很高	很低	低	一般	高	很高	很低	低	一般	高	很高
日照	日照市辖区	0.147	0.182	0.256	0.302	0.113	0.150	0.217	0.312	0.237	0.084	0.301	0.296	0.274	0.127	0.002
青岛	青岛市辖区	0.009	0.015	0.045	0.116	0.815	0.038	0.077	0.230	0.365	0.290	0.000	0.000	0.001	0.021	0.977
	胶州市	0.145	0.180	0.254	0.303	0.118	0.069	0.123	0.279	0.334	0.195	0.264	0.273	0.278	0.179	0.006
烟台	烟台市辖区	0.175	0.207	0.264	0.281	0.073	0.144	0.211	0.312	0.244	0.089	0.077	0.097	0.150	0.408	0.268
	海阳市	0.266	0.272	0.252	0.195	0.015	0.314	0.334	0.243	0.093	0.015	0.289	0.289	0.276	0.143	0.003
	龙口市	0.158	0.192	0.259	0.295	0.096	0.006	0.017	0.101	0.322	0.554	0.262	0.271	0.278	0.182	0.006
	莱阳市	0.223	0.244	0.263	0.238	0.033	0.381	0.358	0.197	0.057	0.007	0.286	0.287	0.277	0.147	0.003
	莱州市	0.231	0.250	0.262	0.229	0.028	0.244	0.295	0.284	0.145	0.033	0.285	0.287	0.277	0.148	0.003
	招远市	0.255	0.265	0.256	0.206	0.018	0.065	0.117	0.274	0.339	0.206	0.282	0.285	0.277	0.152	0.004
威海	威海市辖区	0.193	0.221	0.265	0.266	0.055	0.053	0.100	0.257	0.352	0.238	0.239	0.254	0.276	0.220	0.011
	乳山市	0.270	0.275	0.250	0.191	0.014	0.382	0.358	0.196	0.057	0.007	0.295	0.293	0.275	0.134	0.002
	荣成市	0.249	0.262	0.257	0.211	0.020	0.027	0.059	0.202	0.369	0.343	0.281	0.284	0.277	0.154	0.004
潍坊	潍坊市辖区	0.001	0.002	0.008	0.030	0.960	0.319	0.337	0.240	0.090	0.015	0.146	0.171	0.228	0.372	0.083
	寿光市	0.212	0.236	0.264	0.248	0.039	0.293	0.324	0.256	0.107	0.020	0.262	0.271	0.278	0.183	0.006
	昌邑市	0.264	0.271	0.253	0.197	0.016	0.261	0.306	0.275	0.131	0.028	0.290	0.290	0.276	0.141	0.003
滨州	滨州市辖区	0.254	0.265	0.256	0.207	0.019	0.304	0.330	0.250	0.100	0.017	0.277	0.282	0.278	0.159	0.004
	无棣县	0.288	0.285	0.243	0.174	0.010	0.383	0.359	0.195	0.056	0.007	0.293	0.292	0.276	0.137	0.003
东营	东营市辖区	0.294	0.288	0.241	0.168	0.009	0.003	0.008	0.065	0.277	0.647	0.253	0.265	0.277	0.197	0.008
	广饶县	0.226	0.246	0.263	0.235	0.031	0.091	0.152	0.297	0.308	0.153	0.285	0.287	0.277	0.148	0.003

参照上述过程得到各准则层的隶属度矩阵与模糊综合结果见表 6.14 ~ 表 6.16。

表 6.14 海岸特征模糊综合结果

行政区	评估单元	海岸特征隶属度矩阵					参数向量	模糊得分
		很低	低	一般	高	很高		
日照	日照市辖区	0.185	0.247	0.306	0.226	0.036		2.680
青岛	青岛市辖区	0.210	0.286	0.302	0.179	0.024		2.522
	胶州市	0.007	0.083	0.084	0.104	0.722		4.451
烟台	烟台市辖区	0.250	0.281	0.270	0.159	0.040		2.458
	海阳市	0.188	0.230	0.284	0.235	0.064		2.758
	龙口市	0.204	0.233	0.271	0.222	0.071	$C = \begin{bmatrix} 1 \\ 2 \\ 3 \\ 4 \\ 5 \end{bmatrix}^{T}$	2.723
	莱阳市	0.079	0.196	0.264	0.327	0.134		3.240
	莱州市	0.225	0.253	0.269	0.187	0.066		2.616
	招远市	0.267	0.255	0.197	0.094	0.187		2.679
威海	威海市辖区	0.130	0.215	0.311	0.288	0.056		2.925
	乳山市	0.172	0.226	0.285	0.257	0.059		2.803
	荣成市	0.267	0.306	0.277	0.134	0.016		2.327
潍坊	潍坊市辖区	0.092	0.203	0.265	0.321	0.120		3.175
	寿光市	0.283	0.357	0.267	0.090	0.004		2.174
	昌邑市	0.288	0.351	0.267	0.090	0.004		2.172
滨州	滨州市辖区	0.206	0.295	0.272	0.191	0.036		2.555
	无棣县	0.044	0.141	0.176	0.330	0.309		3.718
东营	东营市辖区	0.209	0.305	0.300	0.166	0.020		2.483
	广饶县	0.292	0.360	0.261	0.083	0.003		2.145

采用自然断点法对海岸侵蚀风险模糊得分进行数据分级，分为很低、低、一般、高和很高 5 类，即可完成各评估单元的海岸侵蚀风险评定和分级，以此绘制山东半岛海岸侵蚀分布情况如图 6.7 ~ 图 6.10 所示。海岸特征模糊综合结果等级很高的评估单元为胶州市，很低的评估单元为荣成市、寿光市和昌邑市。海洋动力模糊综合结果很高的评估单元是东营市辖区、潍坊市辖区、寿光市、昌邑市、龙口市和招远市，很低的评估单元是威海市辖区、乳山市、荣成市和胶州市。社会经济模糊综合等级为很低的是青岛市辖区，很高的为无棣县、莱阳市、海阳市和乳山市。在山东半岛 19 个评估单元中，整体侵蚀风险很高的为无

棣县、潍坊市辖区、莱阳市和胶州市；评定等级为高的岸段包括东营市辖区、寿光市、昌邑市、莱州市、招远市、龙口市和海阳市；侵蚀风险一般的岸段包括滨州市辖区和日照市辖区；评定结果为低的评估单元包含广饶县、威海市辖区、乳山市；侵蚀风险结果为很低的岸段为青岛市辖区、烟台市辖区和荣成市，见表6.17。

表 6.15　海洋动力模糊综合结果

| 行政区 | 评估单元 | 海洋动力隶属度矩阵 | | | | | 参数向量 | 模糊得分 |
		很低	低	一般	高	很高		
日照	日照市辖区	0.160	0.268	0.292	0.198	0.082		2.776
青岛	青岛市辖区	0.160	0.253	0.299	0.204	0.084		2.801
	胶州市	0.308	0.325	0.229	0.113	0.024		2.219
烟台	烟台市辖区	0.186	0.256	0.269	0.200	0.089		2.748
	海阳市	0.128	0.196	0.245	0.255	0.176		3.155
	龙口市	0.060	0.103	0.198	0.348	0.291		3.708
	莱阳市	0.126	0.223	0.303	0.238	0.109		2.982
	莱州市	0.112	0.170	0.197	0.261	0.260	$C=\begin{bmatrix}1\\2\\3\\4\\5\end{bmatrix}^{T}$	3.388
	招远市	0.060	0.103	0.198	0.348	0.291		3.708
威海	威海市辖区	0.240	0.287	0.262	0.148	0.063		2.508
	乳山市	0.240	0.315	0.286	0.128	0.031		2.396
	荣成市	0.280	0.305	0.259	0.115	0.041		2.332
潍坊	潍坊市辖区	0.080	0.128	0.142	0.206	0.444		3.806
	寿光市	0.080	0.128	0.142	0.206	0.444		3.806
	昌邑市	0.080	0.128	0.142	0.206	0.444		3.806
滨州	滨州市辖区	0.165	0.207	0.265	0.220	0.142		2.967
	无棣县	0.165	0.207	0.265	0.220	0.142		2.967
东营	东营市辖区	0.046	0.087	0.187	0.361	0.319		3.821
	广饶县	0.119	0.191	0.233	0.268	0.189		3.217

表 6.16   社会经济模糊综合结果

行政区	评估单元	社会经济隶属度矩阵					参数向量	模糊得分
		很低	低	一般	高	很高		
日照	日照市辖区	0.029	0.152	0.280	0.282	0.257		3.586
青岛	青岛市辖区	0.769	0.086	0.048	0.024	0.073		1.547
	胶州市	0.053	0.208	0.276	0.247	0.216		3.365
烟台	烟台市辖区	0.227	0.361	0.189	0.133	0.089		2.496
	海阳市	0.027	0.144	0.268	0.290	0.271		3.635
	龙口市	0.122	0.210	0.243	0.225	0.200		3.174
	莱阳市	0.022	0.138	0.261	0.297	0.283		3.683
	莱州市	0.027	0.155	0.277	0.284	0.257	$C = \begin{bmatrix} 1 \\ 2 \\ 3 \\ 4 \\ 5 \end{bmatrix}^{T}$	3.587
	招远市	0.062	0.197	0.275	0.247	0.220		3.366
威海	威海市辖区	0.068	0.245	0.271	0.226	0.189		3.222
	乳山市	0.025	0.131	0.258	0.297	0.289		3.694
	荣成市	0.087	0.203	0.261	0.236	0.212		3.281
潍坊	潍坊市辖区	0.064	0.289	0.212	0.191	0.244		3.264
	寿光市	0.025	0.173	0.273	0.279	0.250		3.555
	昌邑市	0.029	0.149	0.274	0.286	0.263		3.604
滨州	滨州市辖区	0.027	0.157	0.271	0.285	0.261		3.598
	无棣县	0.027	0.134	0.258	0.295	0.287		3.681
东营	东营市辖区	0.151	0.220	0.234	0.209	0.186		3.058
	广饶县	0.049	0.186	0.279	0.257	0.228		3.428

表 6.17   山东半岛海岸侵蚀风险模糊综合结果

行政区	评估单元	海岸特征	海洋动力	社会经济	模糊得分	风险等级
日照	日照市辖区	2.680	2.776	3.586	3.014	一般
青岛	青岛市辖区	2.522	2.801	1.547	2.290	很低
	胶州市	4.451	2.219	3.365	3.345	很高
烟台	烟台市辖区	2.458	2.748	2.496	2.567	很低
	海阳市	2.758	3.155	3.635	3.182	高
	龙口市	2.723	3.708	3.174	3.202	高
	莱阳市	3.240	2.982	3.683	3.302	很高
	莱州市	2.616	3.388	3.587	3.197	高
	招远市	2.679	3.708	3.366	3.251	高

续表

行政区	评估单元	海岸特征	海洋动力	社会经济	模糊得分	风险等级
威海	威海市辖区	2.925	2.508	3.222	2.885	低
	乳山市	2.803	2.396	3.694	2.964	低
	荣成市	2.327	2.332	3.281	2.647	很低
潍坊	潍坊市辖区	3.175	3.806	3.264	3.415	很高
	寿光市	2.174	3.806	3.555	3.178	高
	昌邑市	2.172	3.806	3.604	3.194	高
滨州	滨州市辖区	2.555	2.967	3.598	3.040	一般
	无棣县	3.718	2.967	3.681	3.455	很高
东营	东营市辖区	2.483	3.821	3.058	3.121	高
	广饶县	2.145	3.217	3.428	2.930	低

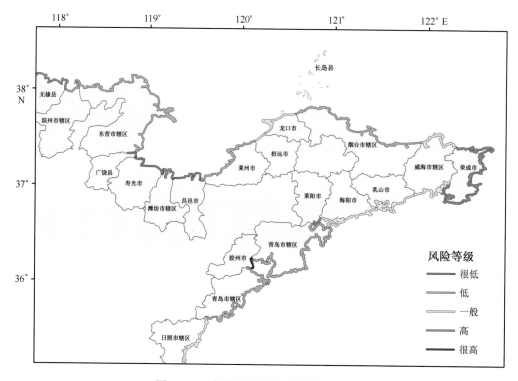

图 6.7　山东半岛海岸特征模糊综合结果

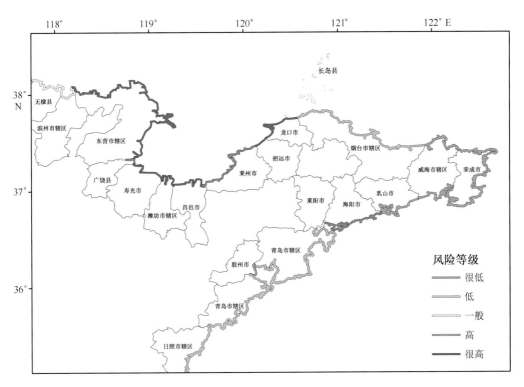

图 6.8　山东半岛海洋动力模糊综合结果

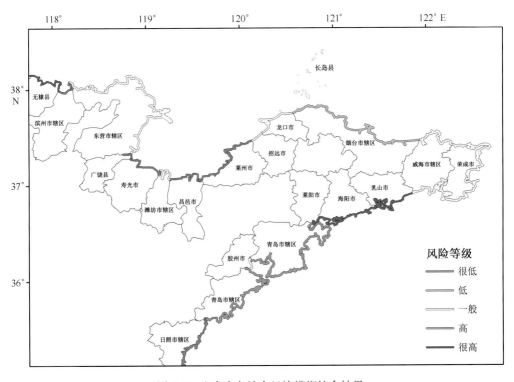

图 6.9　山东半岛社会经济模糊综合结果

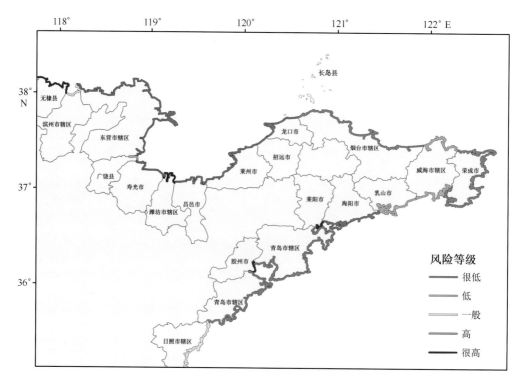

图 6.10　山东半岛海岸侵蚀风险分布

6.4.7　评估结果分析

　　评估结果表明，海岸侵蚀风险较高区域主要分布于山东半岛西北部区域以及南侧的莱阳市、海阳市、胶州市以及日照市的局部岸段，东北侧的烟台市辖区、威海市和南侧的青岛市辖区岸段整体风险相对较低。山东半岛西北部位于地质构造的沉降带，以粉砂淤泥质岸线为主且正处于大规模的围填海阶段，加之该区域极易遭受寒潮大风等极端气候的影响，同时经济发展相对其他区域落后，而山东半岛南部的诸如海阳市、胶州市等区域也正在经历大规模的海岸带开发利用，多种因素共同作用造成上述区域的海岸侵蚀风险较高。与之相反的是青岛、烟台和威海市辖区等区域，社会经济水平较高，开发历史悠久，岸线相对稳定且基岩岸线分布较广，抵御海岸侵蚀和灾后恢复的能力较强，因此上述区域海岸侵蚀风险相对较低。结合山东半岛海岸侵蚀现状，计算得出山东半岛海岸侵蚀风险分布贴近实际情况，具有较好的评估结果。各风险等级区划分布情况如下：

　　1）很高风险区域

　　无棣县、潍坊市辖区、莱阳市和胶州市的风险评估结果为很高［图 6.11

（a）］。无棣县海岸线为粉砂淤泥质海岸且向海推进显著［图 6.11（b）］，人类对海岸带开发利用频繁相应的造成其侵蚀风险增强；潍坊市位于莱州湾南侧，以粉砂淤泥质为主，且海洋动力较强，遭受风暴增水影响较大；莱阳市海岸曲折变化程度大，海岸开发利用频繁；胶州市海岸多为粉砂淤泥质海岸，易受侵蚀，且由于人工围填海，海岸向海推进程度大［图 6.11（c）］。此外，上述岸段所在评估单元社会经济水平较为落后，相应的海岸带管理投入较少，因此遭受海岸侵蚀后恢复能力弱，综合来看整体风险很高。

2）高风险区域

东营市辖区、寿光市、昌邑市、莱州市、招远市、龙口市和海阳市的风险评估结果为高［图 6.12（a）］。东营市辖区内，海洋动力较强，社会经济水平一般，在海岸特征方面，存在广泛的粉砂淤泥质岸线，在飞雁滩区域存在显著的侵蚀情况发生［图 6.12（b）］；寿光市、昌邑市海岸类型单一，几乎都为人工岸线，但受到莱州湾内强烈的动力因素影响，以及区域经济发展水平的限制，总体风险高；莱州市、招远市、龙口市和海阳市存在广泛的砂质海岸分布［图 6.12（c）］，为易受海岸侵蚀的类型，此外，除海阳市受海洋动力影响相对较小外，莱州市、招远市和龙口市位于莱州湾东岸，受到的海洋动力较强，因此上述地区遭受海岸侵蚀的风险也相对较高。

3）一般风险区域

一般风险区域分布在滨州市辖区和日照市辖区岸段。滨州市辖区海岸稳定，几乎全为稳定人工岸线，抵御海岸侵蚀能力较强，但由于地区经济发展水平较低，综合来看风险一般；日照市研究时间段内港口码头建设广泛，海岸线变迁显著，同时其社会经济水平也相对较低，整体风险一般。

4）低风险区域

低风险区域分布在广饶县、威海市辖区和乳山市岸段。广饶县虽处于水动力条件较强的莱州湾内，但其海岸几乎全为稳定人工岸线，抵御海岸侵蚀能力很强，因此风险相对较低；乳山市和威海市辖区海岸变化程度较弱，加之海洋动力也较弱，风险为低。

5）很低风险区域

青岛市辖区、烟台市辖区和荣成市的风险评估结果为很低。青岛市辖区社会经济发达，社会经济模糊综合结果很低，受波浪作用和风暴增水影响很低，且岸线稳定，岸线变迁程度较弱，整体风险很低；烟台市辖区整体海岸侵蚀风险很低，虽然其东部区域有砂质海岸分布，也存在一定的侵蚀风险，但结合其

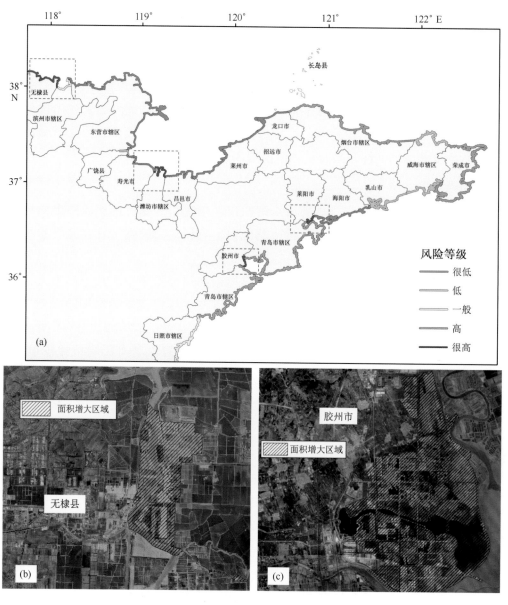

图 6.11　海岸侵蚀风险很高区域及典型局部特征

受到较弱的海洋动力影响以及发达的经济水平，整体海岸侵蚀风险很低；荣成市海岸稳定，海洋动力较弱，社会经济水平一般，整体风险很低。

6.4.8　海岸侵蚀防护建议

在山东半岛海岸侵蚀风险评估中，通过层次分析法计算出各准则层中指标

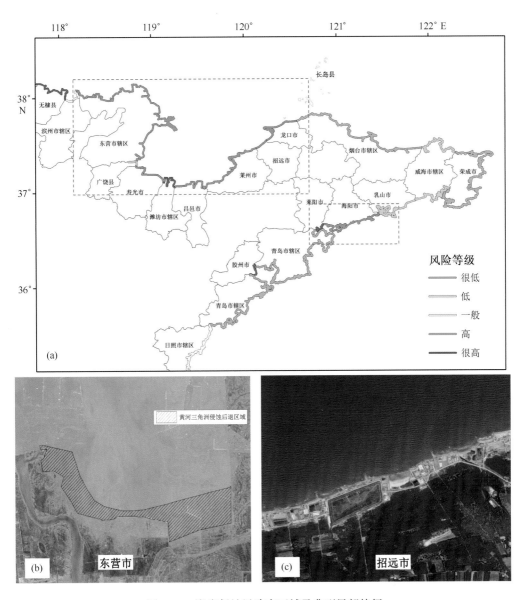

图 6.12　海岸侵蚀风险高区域及典型局部特征

所占权重，权重的相对大小反映该因素对海岸侵蚀风险的影响程度。其中，海岸侵蚀风险由海岸特征、海洋动力、社会经济 3 个准则层构成，海岸特征因素影响程度最大的为海岸变迁速率，海洋动力因素权重最高的为风暴增水，社会经济要素权重最高的为政府公共预算支出。侵蚀岸段占比反映了各区域海岸侵蚀状态差异，风暴增水最大极值分布反映了风暴潮对海岸侵蚀影响，二者与海岸侵蚀风险成正比。政府公共预算体现政府对于海岸整治的管理投入能力，能削弱海岸侵蚀风险，其与海岸侵蚀风险成反比。通过分析各评估单元指标数据可知，山东半岛海岸侵蚀风险评估结果与海岸变迁速率、风暴增水最大极值分布以及各评估单元政府公共预算之间的相关关系符合预期。

在海岸侵蚀风险评估指标体系中，海岸特征、海洋动力和社会经济指标权重各占1/3，目标层中，海岸特征因素中侵蚀岸段占比权重最大，为42.56%；海洋动力特征中，风暴增水影响最高，为54.03%；社会经济特征中政府公共预算支出，为73.06%。在19个评估单元中，4个评估单元侵蚀风险很高，7个评估单元风险高，2个评估单元为侵蚀风险一般，3个评估单元海岸侵蚀风险低，3个评估结果为很低。整体上，山东半岛海岸侵蚀风险区域分布在半岛西北侧区域和南侧的海阳市—莱阳市沿岸以及日照市沿岸，东北和东南侧侵蚀风险整体较低。评估结果与山东半岛海岸侵蚀整体情况和各评估单元指标特征对比，具有较高的一致性，表明评估结果较为符合实际情况，评估指标体系与评估方法可以适用于山东半岛海岸侵蚀风险评估研究。

2007—2020年山东半岛海岸线整体向海前进，大量人类活动破坏海岸带生态环境以及海岸泥沙输运动态平衡，造成了潜在的侵蚀可能性和侵蚀风险。针对此种情况，亟须在海岸带开发的同时注重海岸带保护与修复，做好海岸带开发利用的规划，更要遵循自然规律，有计划地进行海岸带资源开发和工程建设，禁止不合理的开发利用，在已被破坏的海岸带区域有针对性地进行海岸养护和生态修复，才能恢复其抵御海岸侵蚀的能力。其中，对于各风险区域提出相关海岸侵蚀防护建议。

（1）山东半岛西北部的滨州市、东营市和潍坊市范围内，海洋动力作用较强，受到风暴潮影响较强，同时岸线类型少，仅有粉砂淤泥质岸线和人工岸线分布。针对此种情况，为加强海岸抵御侵蚀能力，该区域内应加大海岸防护能力，建设防波堤抵御波浪、潮汐对海岸的侵蚀作用，增加人工护岸海岸保护措施，以及做好潜在的海洋水文灾害预警监测和灾后重建恢复工作。

（2）烟台市西侧区域以及南侧海阳市，均有广泛的砂质岸线分布，为易遭受侵蚀类型。针对此种情况，加大砂质海岸养护和人工护岸建设，能有效避免风险岸段的海岸侵蚀。

（3）日照市沿岸，在研究时间段内有许多港口码头建设，大量海岸线从自然岸线转换为人工海岸，对海岸带原有的水沙平衡关系造成了严重的影响，导致海岸侵蚀风险加大。因此，在人工海岸的建设前需要做好海岸带开发利用的规划工作，减少海岸侵蚀等灾害风险。

此外，海岸侵蚀是陆海相互作用过程中的一个典型灾害现象，需要从多方面进行系统性的预防和防护。具体措施包括但不限于：树立海岸保护观念，加强法制管理；完善海岸侵蚀动态监测网络和数据库；加强海岸保护技术研究，杜绝不合理的海岸资源开发与海岸工程建设；加强海岸带管理和协调，统筹海岸保护；节能减排，控制沉降，减少相对海平面的上升等政策性和基础性研究。针对山东半岛海岸侵蚀现状，提出以下建议：① 利用科研优势，加强山东半岛海岸侵蚀的基础性研究工作；② 统筹入海河流的流域化管理和协调工作；③ 选择合理的海岸防护工程；④ 合理规划地下水开采，控制地面沉降；⑤ 加强人民群众特别是沿海居民的海岸保护意识。

第7章 海岸侵蚀预警平台

目前，山东半岛积累了丰富的海岸侵蚀调查和监测数据，如果没有先进的可视化展示手段，这些数据只能作为存档数据或人工研究分析使用，无法快速直接地掌握海岸侵蚀情况，造成数据利用效率的损失。通过建设基于深度学习模型的WebGis海岸侵蚀预警平台(图7.1)，能够基于调查、监测的实测数据和积累的历史数据，实现岸线侵蚀情况的动态展示、岸线下蚀展示、剖面数据统计展示、三维立体影像数据展示、重点区域岸线后退模拟及侵蚀预警等功能。该系统平台通过先进的三维可视化技术实现海岸侵蚀数据的实时可视化展示和监测或调查数据的统一管理，掌握海岸侵蚀的变化动态，为科学决策提供依据。

图7.1 海岸侵蚀预警平台

7.1 预警平台系统功能

海岸侵蚀预警平台包含核心功能、系统管理和数据管理三大部分(图7.2)。

其中，核心功能包括岸线侵蚀情况动态展示、滩面下蚀展示、三维影像数据展示和岸线侵蚀后退预测预警 4 个主要功能；系统管理包括用户管理、角色管理和系统数据备份 3 个功能；数据管理包括监测站位管理、岸线数据管理、影像数据管理和剖面监测数据管理 4 类海岸侵蚀主要数据管理功能。

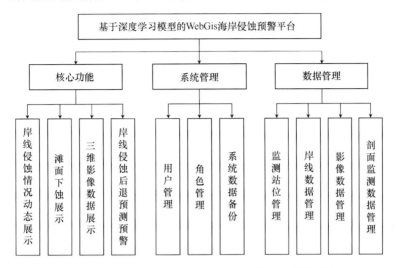

图 7.2　基于深度学习模型的 WebGis 预警平台功能结构图

　　预警平台由若干模块或功能点组成，本章对模块的定义是用一个功能模块来表示一组功能的集合，一个功能就是一个功能点。依据高内聚和低耦合的原则，对基于深度学习模型的 WebGis 预警平台进行模块/功能点化分，其明细见表 7.1。

表 7.1　基于深度学习模型的 WebGis 预警平台进行模块/功能项表

功能模块	子功能	功能项	描述
综合展示模块	站位展示	三维平台搭建	搭建三维地理信息平台，实现图层的叠加、展示和三维操作
		站位展示	在三维平台上实现监测站位分布的三维可视化展示
		站位状态监测	实时监测站位数据接收状态，若长时间未接收数据，在三维平台上将站位标识为异常图标
	统计信息展示	统计信息展示	在系统首页展示总监测数据量，以及常用统计图表等的模块化、分屏统计信息展示

功能模块	子功能	功能项	描述
数据查询模块	高级检索	高级检索	系统实现监测数据的高级组合检索，按站位、时间、类型等进行检索，检索结果以列表形式展示
	空间检索	空间检索	实现监测数据的空间查询，可以对选定空间区域的监测数据进行框选查询，查询结果以列表形式展示。查询结果可以按时间进行筛选
	详细信息查看	详细信息查看	针对检索结果，可以选定一条记录，在详情页面查看监测数据的详细信息
核心功能模块	岸线侵蚀情况动态展示模块	按时间轴轮播	基于识别的岸线数据，按时间轴方式在三维平台上实现海岸线图层的轮播展示
		动态漫游	基于矢量的岸线数据，沿岸线制作动态漫游效果，实现自动飞行浏览
		动态可视化	实现重点区域的岸线变化动态可视化效果，展示出岸线缓慢变化的过程
		信息展示	基于点图层实现岸线信息的展示，在三维平台上，点击点图层要素，可以查看该点的属性数据
	滩面下蚀展示	图层展示	实现岸线剖面的线图层和属性点图层的GIS三维展示
		剖面图	查看单个剖面信息，以曲线图的方式展示剖面上的深度变化情况，同一个图表上实现多期数据对比，两期曲线之间填充渲染效果区分凹凸变化，并显示变化量。
		剖面属性查看	基于剖面点图层实现剖面属性查看，点击剖面点图层可以查看该点的详细说明信息
	三维影像数据展示	影像加载	在三维平台上选一个重点区域实现无人机影像加载
		高程数据加载	在三维平台上选一个重点区域实现高程数据加载
		自动飞行浏览	基于无人机航拍路线的矢量图层实现无人机航拍区域的自动飞行浏览
	岸线侵蚀后退预测预警	重点区域岸线后退预测	通过参数设置，运用模型计算，以平行于岸线的曲线来预测特定段岸线后退情况

续表

功能模块	子功能	功能项	描述
系统管理	用户管理	添加	用户信息的添加，包括用户名、密码、真实姓名、单位(部门)、联系方式、角色等
		修改	用户信息的修改
		删除	用户信息的删除
		查询	提供关键字检索功能，检索结果以列表展示
	角色管理	添加	角色信息的添加，包括角色名、角色描述等
		修改	角色信息的修改
		删除	角色信息的删除
		查询	提供关键字检索功能，检索结果以列表展示
		赋予权限	将系统模块划分，给不同的角色分配不同的模块权限
	系统数据备份	自动备份	系统定期自动备份数据库数据，以数据文件格式存储，定期自动清理时间较长的历史备份文件
		备份记录查询	可以按日期检索备份数据，结果以列表展示
		备份文件下载	在检索结果中可以下载指定日期的备份文件
数据管理	监测站位管理	添加	海岸侵蚀监测站位信息的添加，包括站位名称、经度、纬度、站位描述等
		修改	站位信息的修改
		删除	站位信息的删除
		查询	提供关键字检索功能，检索结果以列表展示
	岸线数据管理	导入	海岸侵蚀岸线的导入，包括名称、时间、岸线数据等
		删除	岸线信息的删除
		查询	提供关键字检索功能，检索结果以列表展示
	影像数据管理	添加	无人机航拍信息的添加，包括区域、时间、影像地址、高程地址、备注、航拍路线等
		修改	无人机航拍信息的修改
		删除	无人机航拍信息的删除
		查询	提供关键字检索功能，检索结果以列表展示
	剖面监测数据管理	剖面信息导入	海岸侵蚀剖面调查信息的导入，包括调查期数、开始时间、结束时间、剖面数据等
		查看	剖面调查信息的修改
		删除	剖面调查信息的删除
		查询	提供关键字、剖面编号、调查期数检索功能，检索结果以列表展示
		数据导入	海岸侵蚀剖面调查数据的导入，包括期数、剖面、点位数据等

7.2 平台系统总体设计

7.2.1 系统架构设计

系统设计遵循以下原则。

可用性：系统的用户界面友好，便于操作，系统功能应与用户业务工作紧密结合，并真正满足用户需求。系统要经过严格的单元测试、集成测试和系统测试，交到用户手中的是一个很少错误甚至没错误的可正常业务化运行的软件。

开放性：系统应具有开放的数据接口，便于与其他系统进行数据交换，实现数据共享，同时应具有开放的开发环境，便于系统功能扩充。

安全性：系统应具有安全权限，使不同级别的用户，具有不同的功能使用权限和数据修改权限，以保证数据和系统安全。

伸缩性：系统的功能模块具有可扩充性，数据可动态更新，用户可根据权限和系统提供的系统设置模块，对已经完成的系统功能模块进行灵活配置。系统预留接口，便于以后开发用户使用过程中需要新添加的功能模块。

模块化：系统功能和结构设计均应采用模块化结构，便于用户使用和系统维护。

7.2.2 功能架构设计

基于深度学习模型的WebGis预警平台按照数据存储层、服务层、应用层3层架构设计，数据存储层划分为监测站位数据、岸线变化数据、无人机航拍等影像数据、剖面监测和调查数据、用户数据等；服务层实现数据查询服务、数据预测服务、应用分析服务、GIS可视化服务以及系统管理运维服务等，为应用层提供数据服务支撑；应用层设计为综合展示模块、数据查询模块、数据GIS可视化及预测预警模块、应用分析模块、岸线侵蚀情况的动态展示模块、岸线下蚀展示、三维影像数据展示、重点区域岸线后退预测预警和系统管理等（图7.3）。

安全保障体系：信息安全保障体系内容包括基于深度学习模型的WebGis预警平台建设的网络维护、安全系统维护，以及病毒防御、机房、服务器、数据、个人计算机及用户等信息安全建设内容，是基于深度学习模型的WebGis预警平台顺利进行并持续运行的重要保障。

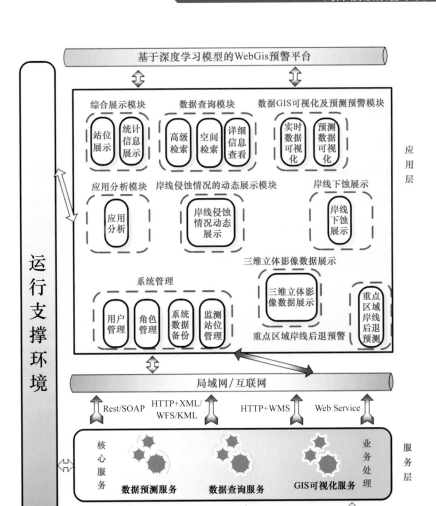

图 7.3　基于深度学习模型的 WebGis 预警平台总体架构

　　标准规范体系：信息标准规范体系是要规划和制定基于深度学习模型的 WebGis 预警平台建设的数据规范、业务规范、技术规范和管理规范，用于指导并规范未来基于深度学习模型的 WebGis 预警平台、应用和信息的整合交换共享。

7.2.3 技术架构设计

数据层采用 Mysql 数据库服务器进行监测数据、岸线数据和调查信息等数据存储，通过 Ajax 调用 ArcGIS 发布的无人机影像、高程服务，解决过度依赖数据接口的问题。服务和展现层采用前后端分离、动静分离的模式发布服务和应用，一方面提高接口效率；另一方面提高系统稳定性。服务端基于 Java 语言最流行的框架 SpringBoot 提供数据管理与业务逻辑处理等，展现端使用 Vue 前端框架结合 Html、Css、JavaScript 等主流前端技术实现海岸侵蚀子系统、系统管理子系统的前端展示，采用 B/S 开发架构，并采用 Shrio 安全框架进行权限和安全管理（图 7.4）。

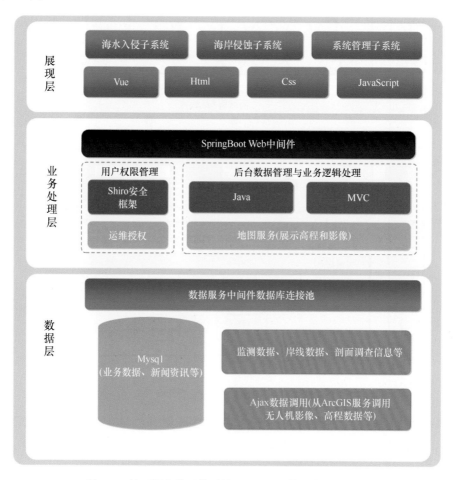

图 7.4　基于深度学习模型的 WebGis 预警平台技术架构

7.2.4 网络架构设计

系统具体架构设计如图 7.5 所示。

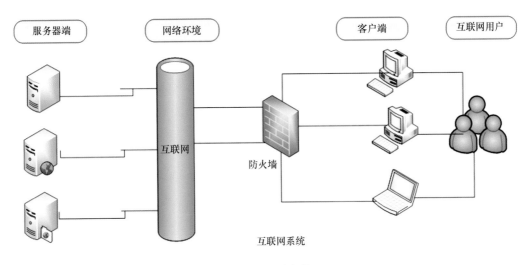

图 7.5 网络架构

7.2.5 数据库设计

基于深度学习模型的 WebGis 预警平台数据库分为监测站位数据、岸线变化数据、无人机航拍数据、剖面调查数据、用户数据五大部分(图 7.6 和图 7.7)。

图 7.6 业务数据库设计

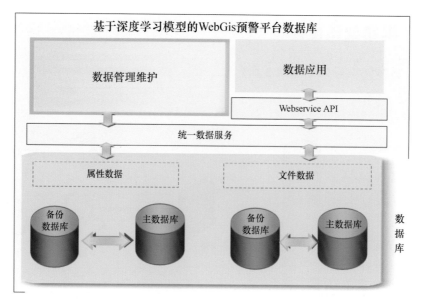

图 7.7　基于深度学习模型的 WebGis 预警平台数据库体系结构图

7.3　核心功能

7.3.1　岸线侵蚀情况动态分析

岸线侵蚀情况动态分析模块主要功能为岸线的信息展示、动态可视化、动态漫游和按时间轴轮播等功能，通过空中第一视角来分析不同时期的岸线状态、海岸带环境变化等信息。各模块主要功能如下。

信息展示：基于点图层实现岸线信息的展示，在三维平台上，点击点图层要素，可以查看该点的属性数据。

动态可视化：实现重点区域的岸线变化动态可视化效果，展示出岸线缓慢推进的过程(图 7.8)。

动态漫游：基于矢量的岸线数据，沿岸线制作动态漫游效果，实现自动飞行浏览(图 7.9)。

按时间轴轮播：基于识别的岸线数据，按时间轴方式在三维平台上实现海岸线图层的轮播展示(图 7.10)。

图 7.8　动态可视化

图 7.9　动态漫游

7.3.2　滩面下蚀分析

滩面下蚀分析模块主要包括监测剖面数据的图层展示、剖面图形态对比和

图 7.10　按时间轴轮播

剖面属性查看等功能。通过该模块，可以查看不同时期的监测剖面形态，并进行多期数据对比分析，展示海滩地形的剖面变化特征(图 7.11)。各模块主要功能如下。

图 7.11　滩面下蚀分析功能

图层展示：实现岸线剖面的线图层和属性点图层的 GIS 三维展示。

剖面图形态对比：对单个剖面信息查看，以曲线图的方式展示剖面上的高程变化情况，同一个图表上实现多期数据对比，两期曲线之间填充渲染效果区分冲淤变化，并显示变化量。

剖面属性查看：基于剖面点图层实现剖面属性查看，点击剖面点图层可以查看该点的详细说明信息。

7.3.3　三维影像数据分析

三维影像数据分析模块主要包括影像加载、高程数据加载和自动飞行浏览等功能。该模块在遥感影像展示的基础上，可叠加无人机航拍的高清影像数据，实现海岸带环境的细节化呈现(图 7.12)。各模块主要功能如下。

图 7.12　影像数据展示功能

影像加载：在三维平台上选一个重点区域实现无人机影像加载。

高程数据加载：在三维平台上选一个重点区域实现高程数据加载(图 7.13)。

自动飞行浏览：基于无人机航拍路线的矢量图层，实现无人机航拍区域的自动飞行浏览。

图 7.13　三维数据分析功能

7.3.4　岸线侵蚀后退预测预警

岸线侵蚀后退预测预警模块主要采用以侵蚀速率为主的多参数预警方法，制定不同时间尺度的海岸线后退预警线(图 7.14)。海岸侵蚀预警线的设置主要考虑岸线演变速率(SER)、海平面上升和海岸对风暴潮的响应这 3 个最重要的影响因子。

7.3.4.1　预警方法

1)岸线演变和未来海岸线位置

为了定量计算岸线演变首先要确定一条基准线，在此基础上来度量岸线变化。这一条基准线可以是高潮线、海崖边界线、植被线，或者是其他标志性的地貌，可以根据不同的海岸类型和地貌形态来确定。为了将侵蚀预警线各要素落于图上，把基线定义为 S_0(时间为 0 时的岸线位置)。如果决定过去和当前海岸线移动变化的各种因素和过程在近期内不发生变化，那么未来的海岸线位置可以通过利用岸线演变速率×时间确定出来。侵蚀预警线存在一个时间限制，如 10 a、25 a、50 a 或 100 a，确定这一时间长度内的海岸侵蚀预警线。SER 主要有 3 种情况：侵蚀(岸线后退)、稳定[动态稳定(SER 约为 0)]、淤积(岸线向海前进)。在岸线后退的海岸地区，50 a 海岸预警线的预测如下：

图 7.14　海岸侵蚀预测预警功能

$$S_{50} = S_0 + \text{SER} \times 50 \qquad\qquad (7-1)$$

S_{50} 是从 S_0 向陆后退的距离。在海岸线位置显示为动态稳定或淤积的海岸带，海岸侵蚀预警线保持在原基线位置，因为它是未来 50 a 所预测的海岸线最向陆的位置，本章所采用的是一种最坏情况假定方法。这一简单方法假定长期岸线变化的主要影响因素在所选择的时间范围内不发生变化。

2）海平面加速上升（SLR）的调整

因为岸线后退速率受海平面上升影响，所以步骤 1 所得到的海岸线后退（S_{50}）已经包括目前的海平面上升趋势效应。然而，S_{50} 并没有考虑在未来 50 a 时间内的海平面加速上升。对于海平面加速上升所造成的海岸额外侵蚀的调整是可以实现的。知道某个地区现在的海平面上升速率（SLR_p）和未来 50 a 的海平面上升预测值（SLR_{50}），就可以得到海平面加速上升造成的调整值（SLR_a）：

$$\text{SLR}_a = \text{SL}_{50} - \text{SLR}_p \times 50 \qquad\qquad (7-2)$$

式中，SLR_a 为海平面上升速率调整值；SL_{50} 为未来 50 a 的海平面上升预测值；SLR_p 为目前的海平面上升速率。

如果海平面上升趋势在未来 50 a 一直保持不变，根据这个值通过应用 Brunn 法则可以得到岸线后退值（R_a）：

$$R_a = (\text{SLR}_a \times L)/(h + D) \qquad\qquad (7-3)$$

式中，SLR_a 为海平面上升速率调整值；L 为活动海滩剖面的水平距离；h 为海滩沙在浪场运动的深度；D 为滩肩高度（或其他侵蚀区高程估计）。

发生后退或保持动态稳定的岸线，调整后的侵蚀预警线（S_{50c}）可由下式得到：

$$S_{50c} = S_{50} + R_a \qquad\qquad (7-4)$$

3 种不同情况下（淤积、动态稳定和侵蚀）未来 50 a 海岸预警线如图 7.15 所示，①岸线位置的确定；②海平面加速上升的调整；③极端风暴潮的影响。

保持动态平衡的岸线，其 $S_{50} = S_0$，已经对海平面加速上升调整过的预警线的向陆距离就等于 R_a。对于发生淤积的岸段，确定调整后的预警线有两种可能的情况需要考虑：情况 a，如果预测的海岸线向海方向的移动值大于海平面加速上升引起的向陆方向移动的距离，那么 S_{50} 仍然保持在 S_0（50 a 间岸线最靠陆的位置）；情况 b，由于海平面加速上升（ASLR）引起的侵蚀量（R_a）大于预测的 50 a 内的岸线向海方向的位移（S_{S50}），海岸侵蚀调整可以通过下式给出：

$$S_{50c} = S_0 + R_a - S_{S50} \qquad\qquad (7-5)$$

式中，S_{50c} 为后退量更大的海岸侵蚀预警线位置；S_0 为原来的海岸线位置；R_a 为海平面加速上升（ASLR）引起的侵蚀量；S_{S50} 为 50 a 来的岸线向海方向的位移。

以上步骤假设将来岸线演变速率等于近期以来的岸线演变速率，加上海平面加速上升所引起的额外侵蚀量，经过这一步骤之后，就可以得到海岸线在 50 a 内的大致位置。

3）极端风暴影响的估计

除了长期的海岸演变趋势外，还要考虑风暴的作用。极端事件（风暴潮、飓风）的发生往往造成岸线的剧烈变化，因此在描述短期的海岸线起伏变化时必须充分考虑这些事件的影响。不过从长期来看这些极端事件并没有直接控制海岸线的变化，因为这些变动是与长期过程如海平面上升（或下降）和沉积物供给变化有关。上面得到的侵蚀预警线（S_{50} 和 S_{50c}）已经考虑了 50 a 来风暴的平均影响，它包括了岸线的短期波动，因为在风暴作用之后海岸往往会自我调整恢复。但是本章对侵蚀预警线的设置不只是为了确定 50 a 后的岸线位置，也为了确定海岸侵蚀灾害可能发生的范围，因此要考虑极端风暴影响下发生的最坏情况。通过对短期的海岸线后退和极端风暴可能引起的冲越流的泛滥等方面的分析，可以对原来已经确定的海岸侵蚀预警线进一步调整。

Kriebel 等（1997）通过长期对美国特拉华州附近海岸剖面观察与测量，提出了如下经验公式对风暴潮造成的岸线后退进行估计。

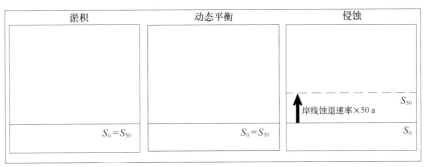

① 岸线位置的确定

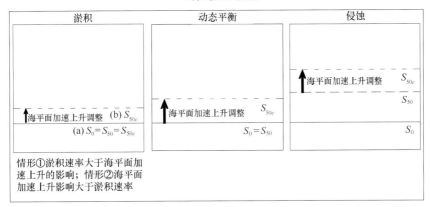

情形①淤积速率大于海平面加
速上升的影响；情形②海平面
加速上升影响大于淤积速率

② 海平面加速上升的调整

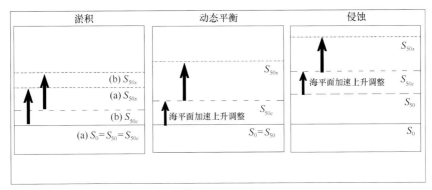

③ 最大风暴的影响

图 7.15 淤积、动态稳定和侵蚀 3 种情况下的未来 50 a 海岸预警线示意图

$$I = 0.3048^{-1} \times HS\left(\frac{t_{\mathrm{d}}}{12}\right)^{0.3} \qquad\qquad (7-6)$$

式中，I 为风暴潮引起的海岸后退量（m）；H 为近岸波高（m）；S 为风暴增水（m）；t_{d} 为风暴潮持续时间（h）。

选取历史以来风暴潮引起的最大波高、风暴增水和持续时间作为未来 50 a

最大风暴潮的可能发生值，来计算不同海岸带最大风暴作用下的岸线后退量。

通过以上方法计算得到 50 a 周期风暴所引起的岸线后退值 (I)，并增加到 50 a 海岸预警线 S_{50c} 后得到包括风暴潮作用在内的海岸侵蚀预警线 S_{50s}：

$$S_{50s} = S_{50c} + I \qquad (7-7)$$

极端风暴可能发生在这 50 a 期间的任何时候，按照最坏情况假定，本章将岸线后退量增加在岸线位置最靠陆方向。

7.3.4.2 海岸侵蚀预警结果

以山东半岛东南部海阳市万米沙滩为例，根据 7.3.4.1 节海岸侵蚀预警方法制定 2050 年海岸侵蚀预警线。

1）海岸侵蚀基线 S_0

侵蚀基线为 2020 年岸线。

2）海岸侵蚀速率 SER

通过 2018—2020 年对海阳市海滩的监测数据分析发现，海阳市万米沙滩岸线后退速率为 1~3 m/a。同时分析 2010—2020 年历史资料，海阳市万米沙滩岸线后退约 7 m，平均后退速率约为 0.7 m/a。综合考虑海滩的季节性和年际调整，以及水动力条件的变化，结合历史资料，海阳市万米沙滩海岸侵蚀速率 SER 设定为 1.0 m/a。

3）海平面变化

根据中国海平面公报，1980—2019 年，黄海沿海海平面上升速率为 3.2 mm/a，预计未来 30 a，黄海沿海海平面将上升 50~180 mm。

2050 年海平面高度预测值 $\text{SL}_{(2050年)}$：根据预警就高不就低选择，2050 年监测岸段海平面上升高度为 $\text{SL}_{(2050年)} = 183.2$ mm。

目前的海平面上升速率 $\text{SLR}_p = 3.2$ mm/a。

4）剖面形态参数

监测区共设置 2 条典型海岸监测剖面来监测海滩剖面形态变化（表 7.2）。活动海滩上、下限之间为从滩肩到破波带坡度变缓处，通过多次重复测量来确定不同剖面的 L 和 h。

L：活动海滩剖面的水平距离；

h：海滩沙在浪场运动的深度；

D：滩肩高度。

表 7.2 典型剖面形态参数

序号	剖面	L/m	h/m	D/m
1	P18(万米沙滩)	140	3.5	5.3
2	P20(万米沙滩)	170	3.5	4.4

5）极端风暴潮参数

通过风暴潮模型计算了 1960—2011 年共 52 a 影响山东沿海区域的 33 场台风过程，得到了海阳市 50 a、100 a 和 200 a 的增水极值，分别可达到 292.3 cm、337.5 cm、382.4 cm（吴亚楠，2015）；同时黄海海区冬季强冷空气、春秋两季温带气旋、夏季台风都能引起波高大于 4~6 m 的巨浪和狂浪。黄海波高 6 m 以上的灾害性海浪的次数较多，因此设定山东半岛南部近岸极端波高为 6 m。

为计算 2050 年海岸侵蚀，本章选择 50 a 一遇的增水极值，即

风暴增水：$S = 2.923$ m；

近岸波高(ft)：$H = 6$ m；

风暴潮持续时间(h)：$t_d = 8$ h。

6）计算结果

$S_0 = 0$ m

$S_{(2050年)} = S_0 + SER \times 30 = 0 + 1$ m/a $\times 30$ a $= 30$ m

$SLR_a = SL_{(2050年)} - SLR_p \times 30 = 183.2$ mm $- 3.2$ mm/a $\times 30$ a $= 87.2$ mm $= 0.0872$ m

$R_{a1} = (SLR_a \times L)/(h + D) = (0.0872$ m $\times 140$ m$)/(3.5$ m $+ 5.3$ m$) = 1.39$ m

$R_{a2} = (SLR_a \times L)/(h + D) = (0.0872$ m $\times 170$ m$)/(3.5$ m $+ 4.4$ m$) = 1.88$ m

$AVG \, R_a = (R_{a1} + R_{a2})/2 = 1.64$ m

$S_{(2050年)c} = S_{(2050年)} + AVG \, R_a = 30$ m $+ 1.64$ m $= 31.64$ m

$I = 0.3048^{-1} \times HS\left(\dfrac{t_d}{12}\right)^{0.3} = 0.3048^{-1} \times 6 \times 2.923 \times (8/12)^{0.3}$ m $= 50.95$ m

$S_{(2050年)s} = S_{(2050年)c} + I = 31.64$ m $+ 50.95$ m $= 82.59$ m

计算可知：

海阳市万米沙滩岸段按照目前侵蚀速率 2050 年岸线将后退 30 m，考虑海平面加速影响岸线后退 31.64 m，而在叠加 50 a 一遇的极端风暴潮情况下岸线可后退 82.59 m（图 7.16）。

图 7.16　海阳市万米沙滩 2050 年海岸侵蚀预警线

参考文献

半岛网新闻, 2017. 青岛一浴14年来首次更换新沙 沙滩将更松软[EB/OL]. http://news.bandao.cn/news_html/201707/20170701/news_20170701_2742486.shtml.

滨州统计局, 2021. 2021年滨州统计年鉴[EB/OL]. http://tj.binzhou.gov.cn/art/2021/2/12/art_163680_10183842.html.

蔡锋, 等, 2019a. 中国海岸侵蚀脆弱性评估及示范应用[M]. 北京: 海洋出版社.

蔡锋, 等, 2019b. 中国海滩资源概述[M]. 北京: 海洋出版社.

蔡锋, 雷刚, 苏贤泽, 等, 2006. 台风"艾利"对福建沙质海滩影响过程研究[J]. 海洋工程, 24(1): 98-109.

蔡锋, 苏贤泽, 曹惠美, 等, 2005. 华南砂质海滩的动力地貌分析[J]. 海洋学报, 27(2): 106-114.

蔡锋, 苏贤泽, 夏东兴, 2004. 热带气旋前进方向两侧海滩风暴效应差异研究——以海滩对0307号台风"伊布都"的响应为例[J]. 海洋科学进展, 22(4): 436-445.

蔡锋, 苏贤泽, 杨顺良, 等, 2002. 厦门岛海滩剖面对9914号台风大浪波动力的快速响应[J]. 海洋工程, 20(2): 85-90.

曹惠美, 蔡锋, 苏贤泽, 2005. 华南沿海若干砂质海滩沉积物粒度特征的分析[J]. 海洋通报, 24(4): 36-45.

常瑞芳, 刘镭, 范元炳, 1992. 波浪对青岛汇泉湾潮间沙坝的塑造作用[J]. 青岛海洋大学学报, 22(4): 61-70.

陈刚, 李从先, 1991. 荣成海岸类型与海岸侵蚀的研究[J]. 同济大学学报(自然科学版), 19(3): 295-305.

陈吉余, 夏东兴, 虞志英, 等, 2010. 中国海岸侵蚀概要[M]. 北京: 海洋出版社.

陈沈良, 张国安, 陈小英, 等, 2005. 黄河三角洲飞雁滩海岸的侵蚀及机理[J]. 海洋地质与第四纪地质, 25(3): 9-14.

陈西庆, 陈吉余, 1998. 长江三角洲海岸剖面闭合深度的研究[J]. 地理学报, 53(4): 323-331.

陈雪英, 王文海, 吴桑云, 2000. 近年风暴潮对山东海岸及海岸工程的影响[J]. 海岸工程, 19(2): 1-5.

陈义兰, 周兴华, 刘忠臣, 2006. 应用In-SAR进行黄河三角洲地区地面沉降研究[J]. 海洋测绘, 26(2): 16-19.

成国栋, 1991. 黄河三角洲现代沉积作用及模式[M]. 北京: 地质出版社.

崔金瑞, 夏东兴, 1992. 山东半岛海岸地貌与波浪、潮汐特征的关系[J]. 黄渤海海洋, 10(3): 20-25.

戴亚南,张鹰,2006. 江苏沿海地区海洋灾害类型及其防治探讨[J]. 生态环境学报,15(6): 1417-1420.

东营统计局,2021. 2021年东营统计年鉴[EB/OL]. http://dystjj.dongying.gov.cn/art/2021/10/28/ art_36583_10274866.html.

董晶,谢小平,2015. 基于RS和GIS的日照万平口潟湖湿地景观格局演变研究[J]. 湿地科学与管理,11(1):43-48.

杜廷芹,黄海军,别君,2011. 现代黄河三角洲地面沉降对洲体演变的影响[J]. 海洋科学,35(9): 78-84.

冯爱青,高江波,吴绍洪,等,2016. 气候变化背景下中国风暴潮灾害风险及适应对策研究进展[J]. 地理科学进展,35(11):1411-1419.

高飞,李广雪,乔璐璐,2012. 山东半岛近海潮汐及潮汐、潮流能的数值评估[J]. 中国海洋大学学报 (自然科学版),42(12):91-96.

高伟,李萍,高珊,等,2020. 台风"利奇马"对山东省海阳市海滩演化过程的影响[J]. 海洋学报,42 (11):88-99.

葛全胜,邹铭,郑景云,2008. 中国自然灾害风险综合评估初步研究[M]. 北京:科学出版社.

宫立新,2014. 山东半岛东部海滩侵蚀现状与保护研究[D]. 青岛:中国海洋大学.

顾成林,2018. 全球变暖背景下登陆中国热带气旋的时空变化特征及ENSO作用机理研究[D]. 上海:华东师范大学.

管轶,2011. 我国波浪能开发利用可行性研究[D]. 青岛:中国海洋大学.

郭俊丽,时连强,童宵岭,等,2018. 浙江朱家尖岛东沙海滩对热带风暴"娜基莉"的响应及风暴后的恢复[J].海洋学报,40(9):137-147.

国家海洋局烟台海洋预报台,2019. 海浪警报[EB/OL]. http://hyj.yantai.gov.cn/art/2019/8/10/ art_1638_2487481.html.

韩玮,韩永红,杨沈斌,2013. 1961—2011年山东气候资源及气候生产力时空变化特征[J]. 地理科学进展,32(3):425-434.

胡惠民,黄立人,1993. 中国东部沿海地区的近代地壳垂直运动[J]. 地质科学,28(3):270-278.

黄海军,刘艳霞,张翼,2022. 黄河三角洲地面沉降机理与海岸防护[J]. 海岸工程,41(4): 374-387.

季子修,1996. 中国海岸侵蚀特点及侵蚀加剧原因分析[J]. 自然灾害学报,5(2):69-79.

姜波,丁杰,武贺,2017. 渤海、黄海、东海波浪能资源评估[J]. 太阳能学报,38(6):1711-1716.

解航,杨怡红,朱龙海,等,2022. 山东半岛东南部典型砂质岸滩季节性演化及控制因素探讨——以海阳万米海滩为例[J]. 海洋地质与第四纪地质,42(1):57-67.

李安龙,李广雪,曹立华,等,2004. 黄河三角洲废弃叶瓣海岸侵蚀与岸线演化[J].地理学报,59(5): 731-737.

李兵,庄振业,曹立华,等,2013. 山东省砂质海岸侵蚀与保护对策[J]. 海洋地质前沿,29(5): 47-55.

李广雪,丁咚,曹立华,等,2015. 山东半岛滨海沙滩现状与评价[M]. 北京:海洋出版社.

李广雪,宫立新,杨继超,等,2013. 山东滨海沙滩侵蚀状态与保护对策[J]. 海洋地质与第四纪地质,33(5),35-45.

李鹤,张平宇,程叶青,2008. 脆弱性的概念及其评价方法[J]. 地理科学进展,27(2):18-25.

李恒鹏,杨桂山,2002. 全球环境变化海岸易损性研究综述[J]. 地球科学进展,17(1):104-109.

李宏,金玉平,甄旭朝,2010. 海洋岛屿制图综合原则的改进与实践[J]. 地理空间信息,8(6):121-122+125.

李加林,田鹏,邵姝遥,等,2019. 中国东海区大陆岸线变迁及其开发利用强度分析[J]. 自然资源学报,34(9):1886-1901.

李健,2021. 黄、渤海区风暴潮致灾机理与风险评估研究[D]. 青岛:中国科学院大学(中国科学院海洋研究所).

李孟国,左书华,许婷,等,2018. 烟台套子湾水动力泥沙问题研究[J]. 水运工程,11:25-32.

李明杰,吴少华,刘秋兴,等,2015. 风暴潮、大潮对广西涠洲岛西南沙滩侵蚀的影响分析[J]. 海洋学报,37(9):126-137.

李平,2013. 莱州三山岛黄金海岸沙滩形成过程及沙滩养护建议[J]. 海岸工程,32(3):32-39.

李平,丰爱平,孙惠凤,等,2021. 海岸侵蚀灾害调查和评估研究进展与展望[J]. 自然灾害学报,30(4):55-63.

梁伟强,王永红,王凯伟,2022. 2010—2020 年青岛海滩剖面稳定性及影响因素分析[J]. 海洋通报,41(1):61-72.

刘建华,2008. 莱州浅滩采砂后蓬莱西北部海岸地貌响应研究[D]. 烟台:鲁东大学.

刘琳,2019. 山东半岛沿岸海域悬浮体的时空分布特征及形成机制研究[D]. 北京:中国科学院大学.

刘曦,沈芳,2010. 长江三角洲海岸侵蚀脆弱性模糊综合评估[J]. 长江流域资源与环境,S1:199-203.

刘小喜,陈沈良,蒋超,等,2014. 苏北废黄河三角洲海岸侵蚀脆弱性评估[J]. 地理学报,69(5):607-618.

刘一霖,黄海军,刘艳霞,等,2016. 短基线集 InSAR 技术用于黄河三角洲地面沉降监测与人为因素影响[J]. 海洋地质与第四纪地质,36(5):173-180.

刘勇,陈本清,刘乐军,等,2016. 基于多源数据的福建东山岛海岸侵蚀及其不同时空尺度成因分析[J]. 海洋学报,38(3):100-112.

罗时龙,2014. 海岸侵蚀风险评估模型构建及其应用研究[D]. 青岛:中国海洋大学.

马妍妍,2008. 现代黄河三角洲海岸带环境演变[D].青岛:中国海洋大学.

闵隆瑞,王永,王成,等,2016. 一幅新的第四纪地质及地貌图的编制——以宁夏与山东为例[J]. 中国地质,43(3):1026-1032.

青岛统计局,2021. 2021 年青岛统计年鉴[EB/OL]. http://qdtj. qingdao. gov. cn/tongjisj/tjsj_tjnj/tjnj_2021/202112/t20211221_4105003. shtml.

青岛政务网,2020. 青岛黄岛金沙滩[EB/OL]. http://www. qingdao. gov. cn/yfqd/qdwl/cjfw/wyqhb/202009/t20200902_518754. shtml.

任智会,胡日军,张连杰,等,2016. 海阳砂质海岸岸滩演化[J]. 海洋地质前沿,32(11):18-25.

任宗海,余建奎,战超,等,2023. 荣成湾典型沙坝-潟湖海岸地貌演变研究[J]. 海洋通报,42(3):209-302.

日照统计局,2021. 2021年日照统计年鉴[EB/OL]. http://tjj.rizhao.gov.cn/art/2021/7/29/art_121734_10263106.html.

乳山市政府,2023. 乳山概况[EB/OL]. http://www.rushan.gov.cn/col/col51349/index.html.

山东省人民政府,2023. 山东概况[EB/OL]. http://www.shandong.gov.cn/col/col94094/index.html.

山东省水利厅,2021. 山东省2021年水土保持公报[EB/OL]. http://wr.shandong.gov.cn/zwgk_319/fdzdgknr/tjsj/stbcgb/202208/t20220831_4046071.html.

山东统计局,2021. 2021年山东统计年鉴[EB/OL]. http://tjj.shandong.gov.cn/tjnj/nj2022/zk/zk/indexch.htm.

邵超,戚洪帅,蔡锋,等,2016. 海滩-珊瑚礁系统风暴响应特征研究——以1409号台风"威马逊"对清澜港海岸影响为例[J]. 海洋学报,38(2):121-130.

盛茂刚,崔峻岭,时青,等,2014. 青岛市环胶州湾各河流输沙特征分析[J]. 水文,34(3):92-96.

束芳芳,蔡锋,戚洪帅,等,2019. 不同沉积物养护海滩对台风响应的差异性研究[J]. 海洋学报,41(7):103-115.

苏衍坤,孙现申,王历进,等,2010. 基于GIS的黄河三角洲地区控制点沉降初步分析[J]. 海洋测绘,30(5):32-35.

孙瑞川,2021. 未来相对海平面变化对山东沿海港口的影响[J]. 海洋通报,40(3):319-326.

孙阳,2021. 近50a来天鹅湖沙坝海岸地貌演变[J]. 鲁东大学学报(自然科学版),37(4):366-373.

索安宁,2017. 海岸空间开发遥感监测与评估[M]. 北京:科学出版社.

谭晋钰,黄海军,刘艳霞,2014. 黄河三角洲沉积物压实固结及其对地面沉降贡献估算[J]. 海洋地质与第四纪地质,34(5):33-38.

天气网,2019. 9号台风利奇马的传奇一生总结[EB/OL]. https://www.tianqi.com/news/253252.html.

田清,王庆,战超,等,2012. 最近60年来气候变化和人类活动对山地河流入海径流,泥沙的影响——以胶东半岛南部五龙河为例[J]. 海洋与湖沼,43(5):891-899.

童宵岭,时连强,夏小明,等,2014. 1211号台风对浙江象山皇城海滩剖面的影响分析[J]. 海洋工程,32(1):84-90.

王庆,1999. 全新世中期以来山东半岛东北岸相对海面变化与海积地貌发育[J]. 地理研究,18(2):122-129.

王腾,邹欣庆,李保杰,2015. 多驱动因素下海岸带脆弱性研究进展[J]. 海洋通报,34(4):361-368.

王伟伟,庄丽华,阎军,等,2007. 青岛市汇泉湾海水浴场表层沉积物粒度特征及输运趋势[J]. 中国石油大学学报(自然科学版),31(3):13-17.

王文海,吴桑云,陈雪英,1994. 山东省9216号强热带气旋风暴期间的海岸侵蚀灾害[J]. 海洋地质与第四纪地质,4:71-78.

王文娟,2008. 东中国海表层悬浮体分布的遥感反演及输运机制研究[D]. 青岛:中国海洋大学.

王喜娜,2016. 风暴潮灾害风险评估与事件预警研究[D]. 武汉:武汉大学.

王永红,庄振业,李从先,等,2001. 成山卫沙坝潟湖链的形成和近期演化[J]. 海洋学报,23(2):86-92.

王勇智,田梓文,李霞,等,2021. 海阳市典型砂质海岸侵蚀机制与防护对策研究[J]. 海洋科学,45(12):18-30.

王有邦,1998. 山东省海洋功能区划问题探讨[J]. 资源科学,20(6):50-55.

王玉图,王友绍,李楠,等,2010. 基于PSR模型的红树林生态系统健康评估体系——以广东省为例[J]. 生态科学,29(3):234-241.

威海统计局,2021. 2021年威海统计年鉴[EB/OL]. http://tjj.weihai.gov.cn/art/2021/12/23/art_13261_2764830.html.

韦云龙,2019. 城市区域火灾风险量化评估方法及应用研究[D]. 武汉:武汉科技大学.

潍坊统计局,2021. 2021年潍坊统计年鉴[EB/OL]. http://tjj.weifang.gov.cn/TJYW/TJSJ/NDSJ/202209/t20220909_6105568.htm.

吴亚楠,2015. 山东沿海台风暴潮数值模拟与统计分析[D]. 青岛:中国海洋大学.

吴园园,2014. 海阳中心渔港工程附近海域水动力及泥沙冲淤数值模拟[D]. 青岛:中国海洋大学.

夏东兴,王文海,武桂秋,等,1993. 中国海岸侵蚀述要[J]. 地理学报,48(5):468-476.

谢东风,潘存鸿,曹颖,等,2013. 近50 a来杭州湾冲淤变化规律与机制研究[J]. 海洋学报,35(4):121-128.

徐方建,赵永芳,李传顺,等,2014. 青岛市灵山湾海水浴场沉积物分布特征与影响因素[J]. 海洋通报,33(2):157-162.

徐谅慧,李加林,李伟芳,等,2014. 人类活动对海岸带资源环境的影响研究综述[J]. 南京师大学报:自然科学版,37(3):124-131.

徐元芹,刘乐军,李培英,等,2016. 我国典型海岛地质灾害类型特征及成因分析[J]. 海洋学报,37(9):71-83.

许锐,张文勇,隋国晨,等,2023. 基于IFS-TOPSIS的矿山地质环境评价[J]. 安全与环境学报,23(1):230-239.

烟台统计局,2021. 2021年烟台统计年鉴[EB/OL]. http://tjj.yantai.gov.cn/art/2022/1/20/art_118_2876282.html.

杨国安,2003. 可持续发展研究方法国际进展——脆弱性分析方法与可持续生计方法比较[J]. 地理科学进展,22(1):11-21.

杨继超,宫立新,李广雪,等,2012. 山东威海滨海沙滩动力地貌特征[J]. 中国海洋大学学报(自然科学版),42(12):107-114.

杨俊生,葛毓柱,吴琼,等,2014. 黄岛金沙滩现代波痕沉积特征与水动力关系[J]. 科技导报,32(1):22-29.

杨鸣,夏东兴,谷东起,等,2005. 全球变化影响下青岛海岸带地理环境的演变[J]. 海洋科学进展,

23(3):289-296.

衣伟虹,2011. 我国典型地区海岸侵蚀过程及控制因素研究[D]. 青岛:中国海洋大学.

尹宏伟,2016. 山东沿海地区台风灾害评估研究[D]. 济南:山东师范大学.

尹砚军,吴建政,朱龙海,等,2016. 莱州湾东岸三山岛—石虎嘴近岸海域冲淤演变[J]. 海洋地质前沿,32(9):41-46.

于洪军,徐兴永,李萍,等,2003. 青岛市浮山湾、汇泉湾、崂山湾海滩与海底沉积环境分析[J]. 海岸工程,22(3):12-18.

于吉涛,陈子燊,2009. 砂质海岸侵蚀研究进展[J]. 热带地理,29(2):112-118.

于吉涛,丁圆婷,程璜鑫,等,2015. 0709号台风影响下粤东后江湾海滩地形动力过程研究[J]. 海洋学报,37(5):76-86.

于晓晓,谷东起,闫文文,等,2016. 山东半岛东部南北岸典型砂质海岸沉积,地貌的横向差异及成因分析——以海阳万米海滩岸段和威海国际海水浴场岸段为例[J]. 海岸工程,35(1):33-46.

袁本坤,商杰,曹丛华,2016. 山东省海冰灾害特征分析及防灾减灾对策[J]. 第八届海洋强国战略论坛,250-255.

袁名康,2020. 基于多源数据直觉模糊的眉山市地质环境承载力评价[D]. 成都:成都理工大学.

岳保静,廖晶,高茂生,等,2017. 山东半岛砂质海滩动力地貌演化特征[J]. 海洋科学,41(4):118-127.

曾呈奎,徐鸿儒,王春林,2003. 中国海洋志[M]. 郑州:大象出版社.

战超,2017. 莱州湾东岸岬间海湾海岸地貌演变过程与影响机制[D]. 烟台:中国科学院烟台海岸带研究所.

张金芝,黄海军,刘艳霞,等,2013. 基于PSInSAR技术的现代黄河三角洲地面沉降监测与分析[J]. 地理科学,33(7):831-836.

张丽丽,邢浩,张旭日,等,2023. 山东半岛海滩动力地貌特征分类[J]. 海洋科学,47(2):10-19.

张琳琳,周斌,潘玉良,等,2018. 基于高分辨率影像的海岛岸线和开发活动变化监测[J]. 科技通报,34(7):145-149,153.

张荣,2004. 山东省海洋功能区划报告[M]. 北京:海洋出版社.

张彤辉,刘春杉,2015. 广东省惠东县小完山海岸侵蚀特征及原因分析[J]. 海洋开发与管理,32(3):91-94.

张绪良,2004. 山东省海洋灾害及防治研究[J]. 海洋通报,23(3):66-72.

张振克,1995. 烟台附近海岸风沙地貌的初步研究[J]. 中国沙漠,15(3):210-215.

种衍飞,郝义,2020. 日照海岸带沙滩侵蚀现状及沉积物粒度特征分析[J]. 海洋地质前沿,36(1):19-29.

周广镇,冯秀丽,刘杰,等,2014. 莱州湾东岸近岸海域规划围填海后冲淤演变预测[J]. 海洋科学,38(1):15-19.

朱正涛,2019. 海岸侵蚀脆弱性评估模型构建及其应用研究[D]. 上海:华东师范大学.

庄丽华,阎军,范奉鑫,等,2008. 青岛汇泉湾海滩剖面变化特征[J]. 海洋科学,32(9):46-51.

庄振业,鞠连军,冯秀丽,等,1994. 山东莱州三山岛—刁龙嘴地区沙坝潟湖沉积和演化[J]. 海洋地质与第四纪地质,14(4):43-52.

庄振业,沈才林,1989. 山东半岛若干平直砂岸近期强烈蚀退及其后果[J]. 青岛海洋大学学报,19
(1):90-98.

庄振业,印萍,吴建政,等,2000. 鲁南沙质海岸的侵蚀量及其影响因素[J]. 海洋地质与第四纪地
质,20(3):15-21.

自然资源部,2021a. 2021 年中国海平面公报[EB/OL]. http://gi. mnr. gov. cn/202205/t20220507_
2735509. html.

自然资源部,2021b. 2021 年中国海洋灾害公报[EB/OL]. http://gi. mnr. gov. cn/202205/t20220507_
2735508. html.

邹欣庆,2004. 江苏海岸带环境的压力分析与政策响应[J]. 海洋地质前沿,20(7):20-24.

左红艳,2014. 山东半岛蓝黄两区设计波要素研究[D]. 青岛:中国海洋大学.

ADGER W N, 1999. Social Vulnerability to Climate Change and Extremes in Coastal Vietnam[J]. World
Development,27(2):249-269.

ANTHONY E J,BRUNIER G,BESSET M,et al., 2015. Linking rapid erosion of the Mekong River delta to
human activities[J]. Scientific Reports,5:14745.

ARUN P V, 2013. A comparative analysis of different DEM interpolation methods[J]. The Egyptian Jour-
nal of Remote Sensing and Space Science,16(2):133-139.

ATHANASIOU P,VAN DONGEREN A,GIARDINO A,et al., 2020. Uncertainties in projections of sandy
beach erosion due to sea level rise:an analysis at the European scale[J]. Scientific reports,10:11895.

BIRD E C F, 1985. Coastline changes. A Global Review[M]. Chichester:Wiley,Hoboken.

BRUUN P, 1988. The Bruun rule of erosion by sea-level rise:a discussion on large-scale two-and three-
dimensional usages[J]. Journal of coastal Research,4:627-648.

CAI F,SU X Z,LIU J H,et al., 2009. Coastal erosion in China under the condition of global climate
change and measures for its prevention[J]. Progress in Natural Science,19(4):415-426.

CAO C,CAI F,QI H S,et al., 2021. Characteristics of underwater topography,geomorphology and sediment
source in Qinzhou Bay[J]. Water,13:1392.

CAO C,CAI F,QI H S,et al., 2022. Coastal Erosion Vulnerability in Mainland China Based on Fuzzy E-
valuation of Cloud Models[J]. Frontiers in Marine Science,8:790664.

CARMINATI E,MARTINELLI G, 2002. Subsidence rates in the Po Plain, northern Italy: the relative
impact of natural and anthropogenic causation [J]. Engineering Geology,66(3-4):241-255.

CASTELLE B,GUILLOT B,MARIEU V,et al., 2018. Spatial and temporal patterns of shoreline change of
a 280-km high-energy disrupted sandy coast from 1950 to 2014:SW France[J]. Estuarine,Coastal and
Shelf Science,200:212-223.

CHEN X G,YE Q,SANDERS C J,et al., 2020. Bacterial-derived nutrient and carbon source-sink behav-
iors in a sandy beach subterranean estuary[J]. Marine Pollution Bulletin,160:111570.

CHRISTENSEN L,COUGHENOUR M B,ELLIS J E,et al., 2004. Vulnerability of the Asian Typical
Steppe to Grazing and Climate Change[J]. Climatic Change,63(3):351-368.

CINNER J E,CINDY H,DARLING E S,et al.,2013. Evaluating Social and Ecological Vulnerability of Coral Reef Fisheries to Climate Change[J]. PLoS ONE,8(9):1-12.

COOPER J A G,MASSELINK G,COCO G,et al.,2020. Sandy beaches can survive sea-level rise[J]. Nature Climate Change,10(11):993-995.

COOPER J A G,PILKEY O H,2004. Sea-level rise and shoreline retreat:time to abandon the Bruun Rule [J]. Global and Planetary Change,43(3-4):157-171.

CROWELL M,LEATHERMAN S P,BUCKLEY M K,1993. Shoreline change rate analysis:long term versus short term data[J]. Shore and Beach,61(2):13-20.

DIMITRIADIS C,KARDITSA A,ALMPANIDOU V,et al.,2022. Sea level rise threatens critical nesting sites of charismatic marine turtles in the Mediterranean[J]. Regional Environmental Change,22(2):56.

DING D,YANG J C,LI G X,et al.,2015. A geomorphological response of beaches to Typhoon Meari in the eastern Shandong Peninsula in China[J]. Acta Oceanologica Sinica,34(9):126-135.

ERVIN G O,2004. Reach aggradation following hurricane landfall:Impact comparisons from two contrasting hurricanes,Northern Gulf of Mexico[J]. Journal of Coastal Research,20(1):326-339.

ESTEVES L S,TOLDO E E,DILLENBURG S R,et al.,2002. Long-and short-term coastal erosion in Southern Brazil[J]. Journal of Coastal Research,36:273-282.

FAN H,HUANG H,ZENG T Q,et al.,2006. River mouth bar formation,riverbed aggradation and channel migration in the modern Huanghe(Yellow)River delta,China[J].Geomorphology,74(1-4):124-136.

FENG X,TSIMPLIS M N,2014. Sea level extremes at the coasts of China[J]. Journal of Geophysical Research:Oceans,119(3):1593-1608.

FITZGERALD D M,FENSTER M S,ARGOW B A,et al.,2008. Coastal impacts due to sea-level rise[J]. Annual Review of Earth & Planetary Sciences,36(1):601-647.

FLETCHER C H,ROMINE B M,GENZ A S,et al.,2012. National assessment of shoreline change:Historical shoreline change in the Hawaiian Islands[R]. U. S. Geological Survey Open-File Report 2011 -1051.

FLOR-BLANCO G,ALCÁNTARA-CARRIÓ J,JACKSON D W,et al.,2021. Coastal erosion in NW Spain:Recent patterns under extreme storm wave events[J]. Geomorphology,387:107767.

GAO W,DU J,GAO S,et al.,2023. Shoreline change due to global climate change and human activity at the Shandong Peninsula from 2007 to 2020[J]. Frontiers in Marine Science,9:1123067.

GAO W,LI P,LIU J,et al.,2022. Current status and formational mechanisms of coastal erosion on typical islands in China[J]. Indian Journal of Geo-Marine Sciences,50(10):825-837.

GE Z P,DAI Z J,PANG W H,et al.,2017. LIDAR-based detection of the post-typhoon recovery of a meso-macro-tidal beach in the Beibu Gulf,China[J]. Marine Geology,391:127-143.

GORNITZ V,1991. Global coastal hazards from future sea level rise[J]. Palaeogeography Palaeoclimatology Palaeoecology,89(4):379-398.

GRASES A,GRACIA V,GARCÁA-LEÓN M,et al.,2020. Coastal flooding and erosion under a changing climate:implications at a low-lying coast(Ebro Delta)[J]. Water,12:346.

GROTTOLI E,CILLI S,CIAVOLA P,et al., 2020. Sedimentation at river mouths bounded by coastal structures:a case study along the Emilia-Romagna coastline,Italy[J]. Journal of Coastal Research,95(SI): 505-510.

GUAN-HONG L,ROBERT J,WILLIAM A, 1998. Storm-driven variability of the beach-nearshore profile al Duck North Carolina,USA,1981-1991[J]. Marine Geology,148:163-177.

HARLEY M D, TURNER I L, KINSELA M A, et al., 2017. Extreme coastal erosion enhanced by anomalous extratropical storm wave direction[J]. Scientific reports,7:6033.

HARRIS L R,DEFEO O, 2022. Sandy shore ecosystem services,ecological infrastructure,and bundles: New insights and perspectives[J]. Ecosystem Services,57:101477.

HIGGINS S,OVEREEM I,TANAKA A,et al., 2013. Land subsidence at aquaculture facilities in the Yellow River delta,China [J]. Geophysical Research Latters,40(15):3898-3902.

HIMMELSTOSS E A,HENDERSON R E,KRATZMANN M G,et al., 2018. Digital Shoreline Analysis System(DSAS)version 5. 0 user guide[R]. U. S. Geological Survey Open-File Report 2018,1179.

JANKOWSKI K,TÖRNQVIST T,FERNANDES A, 2017. Vulnerability of Louisiana's coastal wetlands to present-day rates of relative sea-level rise[J]. Nature Communications,8:14792.

JIN L,HEAP A D, 2011. A review of comparative studies of spatial interpolation methods in environmental sciences:Performance and impact factors[J]. Ecological Informatics,6(3-4):228-241.

KIRWAN M L,TEMMERMAN S,SKEEHAN E E,et al., 2016. Overestimation of marsh vulnerability to sea level rise[J]. Nature Climate Change,6(3):253-260.

KRIEBEL D, DALRYMPLE R, PRATT A, et al.,1997. Shoreline risk index for northeasters[J]. Proceedings of the 1996 Conference on Natural Disaster Reduction:251-252.

KNUTSON T R,MCBRIDE J L,CHAN J,et al., 2010. Tropical cyclones and climate change[J]. Nature Geoscience,3(3):157-163.

LEE H J,DO J D,KIM S S,et al., 2016. Haeundae Beach in Korea:Seasonal-to-decadal wave statistics and impulsive beach responses to typhoons[J]. Ocean Science Journal,51(4):681-694.

LUIJENDIJK A,HAGENAARS G,RANASINGHE R,et al., 2018. The state of the world's beaches[J]. Scientific Reports,8:6641.

MACMANUS K,BALK D,ENGIN H,et al., 2021. Estimating population and urban areas at risk of coastal hazards 1990-2015:how data choices matter[J]. Earth System Science Data,13(12):5747-5801.

MAMAUAG S S,ALIÑO P M,MARTINEZ R J S,et al., 2013. A framework for vulnerability assessment of coastal fisheries ecosystems to climate change—Tool for understanding resilience of fisheries (VA-TURF) [J]. Fisheries Research,147:381-393.

MASSELINK G,SCOTT T,POATE T,et al., 2016. The extreme 2013/2014 winter storms:hydrodynamic forcing and coastal response along the southwest coast of England[J]. Earth Surface Processes & Landforms,41(3):378-391.

MAUÉS L,NASCIMENTO B,LU W,et al., 2020. Estimating construction waste generation in residential buildings:A fuzzy set theory approach in the Brazilian Amazon[J]. Journal of cleaner production,

265:121779.

METZGER M J,ROUNSEVELL M D,ACOSTA-MICHLIK L,et al., 2006. The vulnerability of ecosystem services to land use change[J]. Agriculture,ecosystems & environment,114(1):69-85.

NEREM R S, BECKLEY B D, FASULLO J T, et al., 2018. Climate-change-driven accelerated sea-level rise detected in the altimeter era[J]. Proceedings of the national academy of sciences, 115(9): 2022 -2025.

NICHOLLS R J, 1995. Synthesis of vulnerability analysis studies[R]. Proceedings of World Coast,1-41.

NICHOLLS R J,HOOZEMANS F,MARCHAND M, 1999. Increasing flood risk and wetland losses due to global sea-level rise:regional and global analyses[J]. Global Environmental Change,9:S69-S87.

NOURDI N F,RAPHAEL O,AO GRÉGOIRE,et al., 2021. Seasonal to decadal scale shoreline changes along the Cameroonian coastline,bay of bonny(1986 to 2020)[J]. Regional Studies in Marine Science, 81:101798.

ODDO P C,LEE B S,GARNER G G,et al., 2020. Deep uncertainties in sea-level rise and storm surge projections:Implications for coastal flood risk management[J]. Risk Analysis,40(1):153-168.

PEDUZZI P, DAO H, HEROLD C, et al., 2009. Assessing global exposure and vulnerability towards natural hazards: the Disaster Risk Index [J]. Natural hazards and earth system sciences, 9(4): 1149-1159.

PENNINGS S C,GLAZNER R M,HUGHES Z J,et al., 2021. Effects of mangrove cover on coastal erosion during a hurricane in Texas, USA[J]. Ecology,4:e3309.

POLAT N,UYSAL M,TOPRAK A S, 2015. An investigation of DEM generation process based on LiDAR data filtering,decimation,and interpolation methods for an urban area[J]. Measurement,75:50-56.

SALLENGER A H, 2000. Storm impact scale for Barrier Islands[J]. Journal of Coastal Research,16(3): 890-895.

SPENCER N,STROBL E,CAMPBELL A, 2022. Sea level rise under climate change:Implications for beach tourism in the Caribbean[J]. Ocean & Coastal Management,225:106207.

SPLINTER K D,KEARNEY E T,TURNER I L, 2018. Drivers of alongshore variable dune erosion during a storm event:Observations and modelling[J]. Coastal Engineering,131:31-41.

SWEET W V,KOPP R E,WEAVER C P,et al., 2017. Global and regional sea level rise scenarios for the United States[R]. NOAA Technical Report NOS CO-OPS 083,39-40.

SWIRAD Z M,ROSSER N J,BRAIN M J,et al., 2020. Cosmogenic exposure dating reveals limited long-term variability in erosion of a rocky coastline[J]. Nature communications,11(1):3804.

TEATINI P,TOSI L,STROZZI T,et al., 2005. Mapping regional land displacements in the Venice coast-land by an integrated monitoring system [J]. Remote Sensing of Environment,98(4):403-413.

THIELER E R,HIMMELSTOSS E A,ZICHICHI J L,et al., 2009. The Digital Shoreline Analysis System (DSAS)version 4.0-an ArcGIS extension for calculating shoreline change(No. 2008-1278)[R]. US Geological Survey.

THINH N A,THANH N N,TUYEN L T,et al., 2018. Tourism and beach erosion:valuing the damage of beach erosion for tourism in the Hoi An World Heritage site, Vietnam[J]. Environment Development & Sustainability,21:2113-2124.

VOUSDOUKAS M I,RANASINGHE R,MENTASCHI L,et al., 2020. Sandy coastlines under threat of erosion[J]. Nature climate change,10(3):260-263.

WANG D Z,ZHAO B,LI Y,et al., 2022. Determination of tectonic and nontectonic vertical motion rates of the North China Craton using dense GPS and GRACE data[J]. Journal of Asian Earth Sciences, 236:105314.

WANG K F, 2019. Evolution of Yellow River Delta Coastline Based on Remote Sensing from 1976 to 2014,China[J]. Chinese Geographical Science,29(2):181-191.

WANG X,ZHANG W,YIN J,et al., 2021. Assessment of coastal erosion vulnerability and socio-economic impact along the Yangtze River Delta[J]. Ocean & Coastal Management,215:105953.

WARRICK J A,STEVENS A W,MILLER I M,et al., 2019. World's largest dam removal reverses coastal erosion[J]. Scientific Reports,9:13968.

WELLS J T,COLEMAN J M,1987. Wetland Loss and the subdelta life cycle[J].Estuar Coastal Shelf Sci, 25(1):111-125.

YIN K,XU S D,HUANG W R,et al., 2019. Modeling beach profile changes by typhoon impacts at Xiamen coast[J]. Natural Hazards,95:783-804.

YIN P,DUAN X Y,GAO F,et al., 2018. Coastal erosion in Shandong of China:status and protection challenges[J]. China Geology,1(4):512-521.

ZADEH L A, 1965. Fuzzy sets[J]. Information and control,8(3):338-353.

ZHANG K Q,DOUGLAS B C,LEATHERMAN S P, 2004. Global Warming and Coastal Erosion[J]. Climatic Change,64:41-58.

ZHANG X D,LU K,YIN P,et al., 2019. Current and future mudflat losses in the southern Huanghe Delta due to coastal hard structures and shoreline retreat[J]. Coastal Engineering,152:103530.

ZHANG X D,ZHANG Y X,JI Y,et al., 2016. Shoreline change of the northern Yellow River(Huanghe) delta after the latest deltaic course shift in 1976 and its influence factors[J]. Journal of Coastal Research,74:48-58.

ZHANG Z L,GAO W,LI P,et al., 2023. Influencing factors of submarine scouring and siltation changes in offshore area of Shandong Peninsula[J]. Water,15(3):435.

ÖZKAN B,SARIÇIÇEKI,ÖZCEYLAN E, 2020. Evaluation of landfill sites using GIS-based MCDA with hesitant fuzzy linguistic term sets [J]. Environmental Science and Pollution Research, 27 (34): 42908-42932.